LA FORMACIÓN COMO HERRAMIENTA EN PREVENCIÓN DE RIESGOS LABORALES Y SALUD LABORAL

Ana Padilla Fortes
Prevencionista. Técnico Superior P.R.L

Joaquín Gámez de la Hoz
Biólogo. Técnico de Salud Pública

1ª Edición

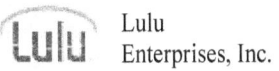 Lulu
Enterprises, Inc.

TÍTULO
La formación como herramienta en prevención de riesgos laborales y salud laboral

Serie: *Científico-Técnica*

AUTORES
Ana Padilla Fortes
Joaquín J. Gámez de la Hoz

EDITA
© Lulu Enterprises, Inc.
3101 Hillsborough St. - Raleigh, North Carolina 27607 (USA)
Telephone: +1 919.447.3290
Email: pr@lulu.com
www.lulupresscenter.com

ISBN: 978-1-4710-4635-3
DEPÓSITO LEGAL: MA-22-2012
Impreso en España / *Printed in Spain*

FICHA CATALOGRÁFICA
PADILLA FORTES, A. La formación como herramienta en prevención de riesgos laborales y salud laboral, /[autores: Ana Padilla Fortes, Joaquín J Gámez de la Hoz]- 1ª Ed. [Málaga], 2012 Nº pág:124, ilustración (c/bn); (24 cm)
ISBN: 978-1-4710-4635-3
Descriptores: Prevención. Formación. Planificación. Empresa. Trabajo. Salud Laboral. Salud Pública.

DEDICATORIA

A nuestros sobrinos, verdaderos motores de cambio positivo en la sociedad que les toca vivir.

Este libro es una obra unitaria no periódica que se compone de 124 páginas, sin incluir las de cubierta, contiene un índice, introducción, 7 capítulos y bibliografía, ajustada a la definición de libro propuesta por la UNESCO (1964) sobre recomendaciones para publicaciones.

Ana Padilla Fortes es Licenciada por la Universidad de Málaga. Experta en Dirección y Gestión de Servicios de Prevención y Salud Laboral. Trabaja como Prevencionista del Servicio Andaluz de Salud. Especialista en Seguridad en el Trabajo, Higiene Industrial, Ergonomía y Psicosociología aplicada. Es asesora del Comité de Seguridad y Salud del Complejo Hospitalario Carlos Haya y del Distrito Sanitario Málaga. Ha conseguido la acreditación de Unidades de Gestión Clínica por la Agencia de Calidad Sanitaria de Andalucía en indicadores de prevención de riesgos laborales. Tiene una amplia experiencia profesional en Salud Laboral y Seguridad en el Trabajo en la empresa privada. Ha sido docente en la Fundación Laboral de la Construcción y en el máster de técnico superior en prevención de riesgos laborales del Instituto Andaluz de Administración Pública.

Joaquín Gámez de la Hoz es Licenciado en Biología por la Universidad de Málaga. Trabaja como Experto en Sanidad Ambiental del Cuerpo Superior de Técnicos de Salud del Servicio Andaluz de Salud, donde ha sido miembro de la Comisión Consultiva de Gestión Ambiental. Durante más de 15 años ha estado comprometido en el desarrollo de programas de salud ambiental en la provincia de Málaga. Ha trabajado como coordinador de los servicios inspección sanitaria del Distrito Coin-Guadalhorce en Málaga. Ha sido asesor del Ministerio Fiscal en delitos contra la salud pública. Es autor de numerosos artículos en revistas científico-técnicas y ha participado en Congresos de la Sociedad Española de Sanidad Ambiental.

INDICE

INTRODUCCIÓN

Con este libro pretendemos transmitir la gran importancia que tiene la formación en materia de prevención de riesgos laborales y salud laboral.

El contenido de esta publicación aborda la normativa más destacada sobre la formación en prevención de riesgos laborales y salud laboral desde la Ley de Prevención de Riesgos Laborales hasta la Estrategia Española de Seguridad y Salud en el Trabajo 2007-2012. Así como la elaboración de un plan de formación en el ámbito de la empresa y la Administración, con todos los elementos que lo componen, centrándonos finalmente en la unidad formativa.

Queremos ofrecer una visión de la verdadera utilidad que la formación tiene para la prevención de riesgos laborales y la salud laboral, desde una perspectiva más viva, conociendo cómo a través de esta herramienta podemos alcanzar el cambio de actitudes, el avance en conocimientos para alcanzar una verdadera cultura preventiva en todos los integrantes de la empresa.

CAPÍTULO 1

LA FORMACIÓN Y LA TELEFORMACIÓN

Autores:
Ana Padilla Fortes
Joaquín J. Gámez de La Hoz

1.1. La Formación
1.2. La Teleformación
1.3. El contexto de la formación en prevención de riesgos laborales.

1. La Formación y la Teleformación

1.1. La Formación

Se puede definir la formación como un esfuerzo planificado de aprendizaje orientado a la adquisición de competencias, tanto al nivel de conocimientos como de habilidades y comportamientos, con el fin de manejarse con éxito en un entorno determinado, en el caso que nos atañe, el entorno del riesgo laboral.

Hoy en día no se pone en duda que los recursos humanos de una organización laboral son un valor estratégico que les hace competitivas (Levy-Boyer, 2001). De ahí que cada vez sea más frecuente que la formación del personal sea un pilar clave del Plan Estratégico de una organización y una estrategia significativa para el incremento del capital intelectual de ésta. La formación así entendida persigue que la organización tenga, en todo momento y en el lugar adecuado, el nivel de competencias requerido de modo que se puedan alcanzar los objetivos y metas planteados, garantizando la eficacia, eficiencia y seguridad (Pereda, 2001)

En el ámbito de la salud y seguridad, la formación de trabajadores suele consistir en instrucciones para la identificación y control de riesgos, la realización segura de tareas, la utilización de medios de protección y las actuaciones en caso de emergencia, así como para la transmisión de informaciones sobre riesgos potenciales. También se orienta la formación a fomentar la implicación de trabajadores y directivos en los programas de gestión de la prevención.

1.2. La Teleformación

Hemos de suponer que el concepto de teleformación es algo bien definido desde hace tiempo en la literatura. Pues nada más lejos de la realidad.

Actualmente nos encontramos con un conglomerado de términos que son usados de forma indistinta por los diversos autores: teleformación, teleeducación, teleenseñanza, e-learning, formación on-line, web based training, etc.

Sin ánimo de ofrecer un listado de definiciones que sólo puedan llevar a la confusión, trataremos de aclarar brevemente qué se entiende por "teleformación".

Todos los autores coinciden en una cosa. Teleformación es una modalidad de educación a distancia. Es decir, ya disponemos de un elemento clave: separación física entre las personas intervinientes. También coinciden en otra cosa: Se hace uso de las nuevas tecnologías. Ahora bien, por nuevas tecnologías se entiende: CD-ROM, satélite, Intranet, internet, extranets, audio y/o vídeo.

Las definiciones de teleformación no limitan las nuevas tecnologías al uso de internet, como podíamos suponer en un principio. Para ello tendríamos que hacer referencia a términos como "formación on line", "web based training", etc.

No encontramos diferencias sensibles entre los términos "teleformación" y "e-learning". Ambos conceptos son usados de forma similar en los textos, aunque sí podemos observar una tendencia general a centrar los procesos de teleformación más en la interacción tutor-alumno (enseñanza con nuevas tecnologías), siendo el e-learning una modalidad de formación que se centra más en aspectos relacionados con el aprendizaje (aprendizaje con nuevas tecnologías, centrandolo algunos autores exclusivamente en internet.).

Como se aprecia las diferencias son de matices. Hay una definición muy citada entre los distintos autores que es la definición de teleformación que aporta FUNDESCO:

La teleformación es un sistema de impartición de formación a distancia, apoyado en las TIC (tecnologías, redes de telecomunicaciones, videoconferencias, TV digital, materiales multimedia), que combina distintos elementos pedagógicos: La instrucción directa clásica (presencial o de autoestudio), las prácticas, los contactos en tiempo real (presenciales, videoconferencias o chats) y los contactos diferidos (tutores, foros de debate, correo electrónico).

Y ahora la definición de e-learning:
"Es el uso de tecnologías basadas en internet para proporcionar un amplio abanico de soluciones que aúnen adquisición de conocimientos y habilidades o capacidades" Rosemberg M.J (2000).

Por tanto hablaríamos de teleformación como formación a distancia con nuevas tecnologías y e learning aprendizaje a distancia con nuevas tecnologías, haciendo uso especialmente de internet.

La teleformación esta siendo una forma de formación muy utilizada en el ámbito de la prevención de riesgos laborales y la salud laboral.

1.3. El contexto de la formación en prevención de riesgos laborales.

Si el conocimiento técnico-científico fuera suficiente para solucionar los problemas relacionados con la salud laboral, no habría tantas enfermedades ni accidentes. La llamada ley de las tres generaciones, desarrollada por Charles Clutterbuck, ilustra perfectamente el retraso histórico en la aplicación del conocimiento a la mejora de las condiciones de trabajo. Según este autor, en una generación se introduce el riesgo, en la siguiente el riesgo es reconocido como tal y en la tercera se promulga una ley para su control. A veces, hace falta una cuarta generación para que el riesgo sea efectivamente controlado pero, sea como sea, la Ley siempre llega tarde.

En 1993, la Fundación Europea para la Mejora de las Condiciones de Vida y de Trabajo estudió la experiencia danesa de diez años en el terreno de la sustitución de disolventes detectando efectos positivos en la reducción de los daños cerebrales. Sin embargo, los propios investigadores daneses reconocen la dificultad de implantar estas medidas por resistencias de todo tipo y especialmente económicas.

Y es que el conocimiento técnico científico es absolutamente imprescindible en la definición de propuestas preventivas, pero son las decisiones sociales las que impulsan los cambios reales. Es necesario un proceso social de asunción de la problemática, de cultura, de relaciones laborales, de negociación colectiva para que se integren los nuevos conocimientos. Es en este sentido que entendemos que la prevención de riesgos laborales ha de ser abordada como un proceso socio-técnico. La toma de decisiones en el marco de las relaciones laborales y de las condiciones de trabajo suele ser, en última instancia, la resultante de situaciones contradictorias y de relaciones de fuerzas protagonizadas por los agentes sociales presentes en el medio laboral. De lo anterior se deriva una consecuencia metodológica muy importante para quehacer cotidiano de los profesionales de la salud: la necesidad de tener en cuenta el contexto de las percepciones de los actores con el fin de poder inducir cambios en las condiciones de trabajo a través de la mediación social que representan las actuaciones de empresarios y trabajadores.

Si se pretende conocer y actuar sobre el riesgo laboral exclusivamente sobre la base de una evaluación técnica, se están despreciando los factores culturales que intervienen en la construcción social de la percepción del riesgo y de la salud. Pero el riesgo no es una cualidad inherente del mundo físico. Representa una interacción entre características físicas y psicosociales. Si los trabajadores expuestos perciben la situación como una amenaza les preocupa hasta el punto de implicarse; o por el contrario, consideran que el problema es irresoluble y, por tanto, prefieren mirar para otro lado como mecanismo de autodefensa, son sólo las primeras cuestiones las que debemos conocer a la hora de intentar hacer una prevención que realmente pueda considerarse eficaz.

De esta situación es la que partimos para elaborar una formación y conociendo este contexto tendremos que valernos de la formación para poder llegar a conseguir una prevención eficaz. Por tanto parece útil promover una reflexión sobre la metodología que se vienen utilizando, y sobre las que sería conveniente utilizar. Una metodología formativa que integre las experiencias y percepciones de los destinatarios de las acciones formativas, desde el conocimiento de que es necesaria su implantación para lograr una formación en prevención de riesgos laborales eficaz y de calidad. Teniendo en cuenta que la formación no es la que soluciona todos los problemas de la prevención de riesgos laborales y la salud laboral. La formación es una herramienta fundamental para promover cambios de actitudes y comunicar conocimientos.

CAPÍTULO 2

LA FORMACIÓN EN LA LEY 31/1995, DE 8 DE NOVIEMBRE, DE PREVENCIÓN DE RIESGOS LABORALES

Autores:
Ana Padilla Fortes
Joaquín J. Gámez de La Hoz

2.1. La formación en la normativa
2.2. La Ley 31/1995, de 8 de noviembre, de prevención de riesgos laborales.

2. La formación en la Ley 31/1995, de 8 de noviembre, de prevención de riesgos laborales

2.1. La formación en la normativa

En el mandato contenido en el artículo 40.2 de la Constitución Española, se encomienda a los poderes públicos, como uno de los principios rectores de la política social y económica, velar por la seguridad e higiene en el trabajo. Por su parte, la Directiva Europea nº 89/391/CEE, también conocida como Directiva Marco, relativa a la aplicación de las medidas para promover la mejora de la seguridad y salud de los trabajadores en el trabajo, obliga a los Estados de la Unión Europea a tener leyes específicas que aseguren una adecuada protección de la salud de los ciudadanos en sus puestos de trabajo. A partir de esta situación se aprobó en España, en el año 1995, la Ley de Prevención de Riesgos Laborales, que tiene por objeto la determinación de un cuerpo básico de garantías y responsabilidades preciso para establecer un adecuado nivel de protección de la salud de los trabajadores frente a los riesgos derivados de las condiciones de trabajo, y ello en el marco de una política coherente coordinada y eficaz de prevención de los riesgos laborales. Por lo que pretendía ser un texto a cumplir por las empresas y un tratado básico para fomentar la seguridad laboral.

Pero atendiendo al objeto del libro lo importante es que esta Ley vino a establecer la importancia de la formación en prevención de riesgos laborales como herramienta fundamental para fomentar la seguridad de los procesos productivos y garantizar, en la medida de lo posible, la integridad de todas aquellas personas que toman parte en el mencionado proceso.

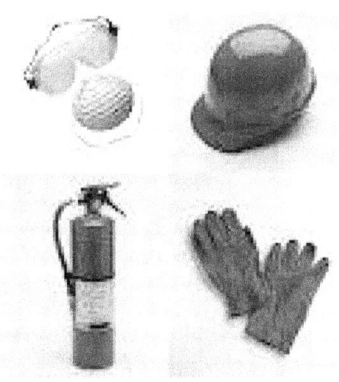

Vamos a analizar aquellas disposiciones referidas a la formación preventiva en el ámbito nacional.

2.2. La Ley 31/1995, de 8 de noviembre, de prevención de riesgos laborales

En el punto cuatro de la exposición de motivos de la Ley de Prevención de Riesgos Laborales se hace referencia al afán de establecer una cultura preventiva. Este objetivo se transmitirá a través de la inclusión transversal de la formación en materia preventiva en todos los ámbitos de la enseñanza obligatoria. Al ser una Ley en que su objetivo es la prevención, su articulación no puede descansar exclusivamente en la ordenación de las obligaciones y responsabilidades de los actores directamente relacionados con el hecho laboral. Por lo que su fin es fomentar una auténtica cultura preventiva, mediante la promoción de la mejora de la educación en dicha materia en todos los niveles educativos, implicando a la sociedad en su conjunto y constituyendo uno de los objetivos fundamentales y de efectos más trascendentes para el futuro, perseguidos por la Ley de Prevención de Riesgos Laborales.

En el artículo 5 sobre objetivos de la política de la Ley de Prevención de Riesgos Laborales, se establece como las Administraciones públicas promoverán "la mejora de la educación en materia preventiva en los diferentes niveles de enseñanza y de manera especial en la oferta formativa correspondiente al sistema nacional de cualificaciones profesionales, así como la adecuación de la formación de los recursos humanos necesarios para la prevención de riesgos laborales". La Ley, tras esta declaración de intenciones, no concreta la puesta en marcha de ninguna remodelación en materia de educación dentro de los niveles de enseñanza. Por lo que se desprende, la puesta en marcha y el desarrollo de las acciones están encaminadas a promover la formación en prevención dentro del ámbito laboral, considerando dicha formación como la principal herramienta e inmediata con la que combatir los riesgos asociados al desempeño de las tareas profesionales.

En esta línea, podemos contemplar la formación como una obligación del empresario con respecto al trabajador. La Ley de Prevención de Riesgos Laborales va a dedicar el artículo 19 a la formación de los trabajadores, en el que nos expone lo siguiente: En cumplimiento del deber de protección, el empresario deberá garantizar que cada trabajador reciba una formación teórica y práctica, suficiente y adecuada, en materia preventiva, tanto en el momento de su contratación, cualquiera que sea la modalidad o duración de ésta, como cuando se produzcan cambios en las funciones que desempeñe o se introduzcan nuevas tecnologías o cambios en los equipos de trabajo.

La formación deberá estar centrada específicamente en el puesto de trabajo o función de cada trabajador, adaptarse a la evolución de los riesgos y a la aparición de otros nuevos y repetirse periódicamente, si fuera necesario.

La formación deberá impartirse, siempre que sea posible, dentro de la jornada de trabajo o, en su defecto, en otras horas pero con el descuento en aquélla del tiempo invertido en la misma. La formación se podrá impartir por la empresa mediante medios propios o concertándola con servicios ajenos, y su coste no recaerá en ningún caso sobre los trabajadores.

Por lo que se desprende de la ley la formación no ha de ser sólo inicial, sino más bien tener un carácter sucesivo. Es por ello por lo que la Ley de Prevención de Riesgos Laborales pone especial acento en la necesidad de que esta formación evolucione en paralelo con el propio trabajador, revisándola y actualizándola cuando se produzcan cambios relacionado con los riesgos asociados a las funciones del trabajador.

Es importante destacar que establece la formación como un derecho de los trabajadores tal como figura en el artículo 14 de la Ley de Prevención de Riesgos Laborales, al tiempo que es una obligación del empresario.

CAPÍTULO 3

LA FORMACIÓN EN EL REAL DECRETO 39/1997 DE 17 DE ENERO POR EL QUE SE APRUEBA EL REGLAMENTO DE LOS SERVICIOS DE PREVENCIÓN

Autores:
Ana Padilla Fortes
Joaquín J. Gámez de La Hoz

3.1. El reglamento de los servicios de prevención

3.1.1. Anexo III: Criterios generales para el establecimiento de proyectos y programas formativos, para el desempeño de las funciones del nivel básico, medio y superior.

3.1.2. Anexo IV: Contenido mínimo del programa de formación, para el desempeño de las funciones de nivel básico.

3.1.3. Anexo V: Contenido mínimo del programa de formación, para el desempeño de las funciones de nivel intermedio.

3.1.4. Anexo VI: Contenido mínimo del programa de formación, para el desempeño de las funciones de nivel superior.

3. La formación en el Real Decreto 39/1997 de 17 de enero por el que se aprueba el Reglamento de los Servicios de Prevención

3.1. El reglamento de los servicios de prevención

En el Reglamento de los Servicios de Prevención, aprobado en el año 1997, es donde se definieron las funciones y nivel de competencia de los Prevencionistas, así como los conocimientos necesarios para desarrollar tareas específicas o para prestar servicios concretos, tanto por cuenta propia como por cuenta ajena. Fue a partir de este reglamento donde se establecieron los tres niveles de cualificación que inicialmente podía obtener un Prevencionista en España.

En concreto en el Capítulo VI Funciones y niveles de cualificación, en su Artículo 34: Clasificación de las funciones, nos presenta que a efectos de determinación de las capacidades y aptitudes necesarias para la evaluación de los riesgos y el desarrollo de la actividad preventiva, las funciones a realizar se clasifican en los siguientes grupos:

a. Funciones de nivel básico.

b. Funciones de nivel intermedio.

c. Funciones de nivel superior, correspondientes a las especialidades y disciplinas preventivas de medicina del trabajo, seguridad en el trabajo, higiene industrial, y ergonomía y psicosociología aplicada.

Por lo tanto, nos encontramos con un primer **nivel básico**, suficiente para desarrollar una actividad preventiva mínima, normalmente en las empresas más pequeñas y con un menor nivel de riesgo. Para el desempeño de las funciones correspondientes a este nivel sería necesario un curso de 50 ó 30 horas -según el tipo de actividad de la empresa- sobre conocimientos muy elementales en la materia y siempre realizado en un centro homologado. Estos trabajadores desarrollan funciones como se desarrolla en el artículo siguiente.

Artículo 35: Funciones de nivel básico

1. Integran el nivel básico de la actividad preventiva las funciones siguientes:

a. Promover los comportamientos seguros y la correcta utilización de los equipos de trabajo y protección, y fomentar el interés y cooperación de los trabajadores en la acción preventiva.

b. Promover, en particular, las actuaciones preventivas básicas, tales como el orden, la limpieza, la señalización y el mantenimiento general, y efectuar su seguimiento y control.

c. Realizar evaluaciones elementales de riesgos y, en su caso, establecer medidas preventivas del mismo carácter compatibles con su grado de formación.

d. Colaborar en la evaluación y el control de los riesgos generales y específicos de la empresa, efectuando visitas al efecto, atención a quejas y sugerencias, registro de datos, y cuantas funciones análogas sean necesarias.

e. Actuar en caso de emergencia y primeros auxilios gestionando las primeras intervenciones al efecto.

f. Cooperar con los servicios de prevención, en su caso.

2. Para desempeñar las funciones referidas en el apartado anterior, será preciso:

a. Poseer una formación mínima con el contenido especificado en el programa a que se refiere el Anexo IV y cuyo desarrollo tendrá una duración no inferior a 50 horas, en el caso de empresas que desarrollen alguna de las actividades incluidas en el Anexo I, o de 30 horas en los demás casos y una distribución horaria adecuada a cada proyecto formativo, respetando la establecida en los apartados A y B, respectivamente, del Anexo IV citado, o bien,

b. Poseer una formación profesional o académica que capacite para llevar a cabo responsabilidades profesionales equivalentes o similares a las que precisan las actividades señaladas en el apartado anterior, o bien,

c. Acreditar una experiencia no inferior a 2 años en una empresa, institución o Administración Pública que lleve consigo el desempeño de niveles profesionales de responsabilidad equivalente o similar a los que precisan las actividades señaladas en el apartado anterior.

En los supuestos contemplados en los párrafos b) y c), los niveles de cualificación preexistentes deberán ser mejorados progresivamente, en el caso de que las actividades preventivas a realizar lo hicieran necesario, mediante una acción formativa de nivel básico en el marco de la formación continua.

3. La formación mínima prevista en el párrafo a) del apartado anterior se acreditará mediante certificación de formación específica en materia de prevención de riesgos laborales, emitida por un servicio de prevención o por una entidad pública o privada con capacidad para desarrollar actividades formativas específicas en esta materia.

De un carácter ya más profesional, nos encontramos con el **nivel intermedio**. También promueve, evalúa, vigila y controla los riesgos, como en el nivel básico, pero el técnico de nivel intermedio además propone acciones para la reducción de riesgos, participa en la planificación y dirige actuaciones básicas. Aunque, sobre todo, su tarea consistirá en complementar, asistir y colaborar con expertos externos o con técnicos de nivel superior.

Sus funciones están contempladas en el artículo 36: Funciones de nivel intermedio

1. Las funciones correspondientes al nivel intermedio son las siguientes:

a. Promover, con carácter general, la prevención en la empresa y su integración en la misma.

b. Realizar evaluaciones de riesgos, salvo las específicamente reservadas al nivel superior.

c. Proponer medidas para el control y reducción de los riesgos o plantear la necesidad de recurrir al nivel superior, a la vista de los resultados de la evaluación.

d. Realizar actividades de información y formación básica de trabajadores.

e. Vigilar el cumplimiento del programa de control y reducción de riesgos y efectuar personalmente las actividades de control de las condiciones de trabajo que tenga asignadas.

f. Participar en la planificación de la actividad preventiva y dirigir las actuaciones a desarrollar en casos de emergencia y primeros auxilios.

g. Colaborar con los servicios de prevención, en su caso.

h. Cualquier otra función asignada como auxiliar, complementaria o de colaboración del nivel superior.

2. Para desempeñar las funciones referidas en el apartado anterior, será preciso poseer una formación mínima con el contenido especificado en el programa a que se refiere el Anexo V y cuyo desarrollo tendrá una duración no inferior a 300 horas y una distribución horaria adecuada a cada proyecto formativo, respetando la establecida en el anexo citado.

Por último, nos encontramos con el que continúa siendo hasta la fecha el profesional más cualificado en materia de prevención de riesgos, el técnico de **nivel superior**. Éste puede realizar las funciones de nivel intermedio y se erige en el único capacitado para asumir competencias de gestión, organización y planificación de estrategias en al ámbito de la prevención, cuyas funciones específicas serán las contempladas en el artículo 37: Funciones de nivel superior de dicho reglamento.

1. Las funciones correspondientes al nivel superior son las siguientes:

a. Las funciones señaladas en el apartado 1 del artículo anterior, con excepción de la indicada en la letra h).

b. La realización de aquellas evaluaciones de riesgos cuyo desarrollo exija:

1. El establecimiento de una estrategia de medición para asegurar que los resultados obtenidos caracterizan efectivamente la situación que se valora, o

2. Una interpretación o aplicación no mecánica de los criterios de evaluación.

c. La formación e información de carácter general, a todos los niveles, y en las materias propias de su área de especialización.

d. La planificación de la acción preventiva a desarrollar en las situaciones en las que el control o reducción de los riesgos supone la realización de actividades diferentes, que implican la intervención de distintos especialistas.

e. La vigilancia y control de la salud de los trabajadores en los términos señalados en el apartado 3 de este artículo.

2. Para desempeñar las funciones relacionadas en el apartado anterior será preciso contar con una titulación universitaria oficial y poseer una formación mínima acreditada por una universidad con el contenido especificado en el programa a que se refiere el anexo VI, cuyo desarrollo tendrá una  duración no inferior a seiscientas horas y una distribución horaria adecuada a cada proyecto formativo, respetando la establecida en el anexo citado.

3. Las funciones de vigilancia y control de la salud de los trabajadores señaladas en la letra e) del apartado 1., serán desempeñadas por personal sanitario con competencia técnica, formación y capacidad acreditada con arreglo a la normativa vigente y a lo establecido en los párrafos siguientes:

a. Los servicios de prevención que desarrollen funciones de vigilancia y control de la salud de los trabajadores deberán contar con un médico especialista en Medicina del Trabajo o diplomado en Medicina de Empresa y un A.T.S./D.U.E de empresa, sin perjuicio de la participación de otros profesionales sanitarios con competencia técnica, formación y capacidad acreditada.

b. En materia de vigilancia de la salud, la actividad sanitaria deberá abarcar, en las condiciones fijadas por el artículo 22 de la Ley 31/95, de Prevención de Riesgos Laborales:

> 1. Una evaluación de la salud de los trabajadores inicial después de la incorporación al trabajo o después de la asignación de tareas específicas con nuevos riesgos para la salud.

> 2. Una evaluación de la salud de los trabajadores que reanuden el trabajo tras una ausencia prolongada por motivos de salud, con la finalidad de descubrir sus eventuales orígenes profesionales y recomendar una acción apropiada para proteger a los trabajadores.

> 3. Una vigilancia de la salud a intervalos periódicos.

c. La vigilancia de la salud estará sometida a protocolos específicos u otros medios existentes con respecto a los factores de riesgo a los que esté expuesto el trabajador. El Ministerio de Sanidad y Consumo y las Comunidades Autónomas, oídas las sociedades científicas competentes, y de acuerdo con lo establecido en la Ley General de Sanidad en materia de participación de los agentes sociales, establecerán la periodicidad y contenidos específicos de cada caso.

Los exámenes de salud incluirán, en todo caso, una historia clínico-laboral, en la que además de los datos de anamnesis, exploración clínica y control biológico y estudios complementarios en función de los riesgos inherentes al trabajo, se hará constar una descripción detallada del puesto de trabajo, el tiempo de permanencia en el mismo, los riesgos detectados en el análisis de las condiciones de trabajo, y las medidas de prevención adoptadas. Deberá constar igualmente, en caso de disponerse de ello, una descripción de los anteriores puestos de trabajo, riesgos presentes en los mismos, y tiempo de permanencia para cada uno de ellos.

d. El personal sanitario del servicio de prevención deberá conocer las enfermedades que se produzcan entre los trabajadores y las ausencias del trabajo por motivos de salud, a los solos efectos de poder identificar cualquier relación entre la causa de enfermedad o de ausencia y los riesgos para la salud que puedan presentarse en los lugares de trabajo.

e. En los supuestos en que la naturaleza de los riesgos inherentes al trabajo lo haga necesario, el derecho de los trabajadores a la vigilancia periódica de su estado de salud deberá ser prolongado más allá de la finalización de la relación laboral a través del Sistema Nacional de Salud.

f. El personal sanitario del servicio deberá analizar los resultados de la vigilancia de la salud de los trabajadores y de la evaluación de los riesgos, con criterios epidemiológicos y colaborará con el resto de los componentes del servicio, a fin de investigar y analizar las posibles relaciones entre la exposición a los riesgos profesionales y los perjuicios para la salud y proponer medidas encaminadas a mejorar las condiciones y medio ambiente de trabajo.

g. El personal sanitario del servicio de prevención estudiará y valorará, especialmente, los riesgos que puedan afectar a las trabajadoras en situación de embarazo o parto reciente, a los menores y a los trabajadores especialmente sensibles a determinados riesgos, y propondrá las medidas preventivas adecuadas.

h. El personal sanitario del servicio de prevención que, en su caso, exista en el centro de trabajo deberá proporcionar los primeros auxilios y la atención de urgencia a los trabajadores víctimas de accidentes o alteraciones en el lugar de trabajo.

3.1.1. Anexo III: Criterios generales para el establecimiento de proyectos y programas formativos, para el desempeño de las funciones del nivel básico, medio y superior.

Las disciplinas preventivas que servirán de soporte técnico serán al menos las relacionadas con la Medicina del Trabajo, la Seguridad en el Trabajo, la Higiene Industrial y la Ergonomía y Psicosociología aplicada.

El marco normativo en materia de prevención de riesgos laborales abarcará toda la legislación general; internacional, comunitaria y española, así como la normativa derivada específica para la aplicación de las técnicas preventivas, y su concreción y desarrollo en los convenios colectivos.

Los objetivos formativos consistirán en adquirir los conocimientos técnicos necesarios para el desarrollo de las funciones de cada nivel.

La Formación ha de ser integradora de las distintas disciplinas preventivas que doten a los Programas de las características multidisciplinar e interdisciplinar.

Los Proyectos Formativos se diseñarán con los criterios y la singularidad de cada promotor, y deberán establecer los objetivos generales y específicos, los contenidos, la articulación de las materias, la metodología concreta, las modalidades de evaluación, las recomendaciones temporales y los soportes y recursos técnicos.

Los Programas Formativos, a propuesta de cada promotor, y de acuerdo con los proyectos y diseño curriculares, establecerán una concreción temporalizada de objetivos y contenidos, su desarrollo metodológico, las actividades didácticas y los criterios y parámetros de evaluación de los objetivos formulados en cada programa.

3.1.2. Anexo IV: Contenido mínimo del programa de formación, para el desempeño de las funciones de nivel básico

A) Contenido mínimo del programa de formación, para el desempeño de las funciones de nivel básico

I. Conceptos básicos sobre seguridad y salud en el trabajo.

a. El Trabajo y la Salud: los riesgos profesionales. Factores de riesgo.

b. Daños derivados de trabajo. Los Accidentes de Trabajo y las Enfermedades profesionales. Otras patologías derivadas del trabajo.

c. Marco normativo básico en materia de prevención de riesgos laborales. Derechos y deberes básicos en esta materia.

Total horas: 10

II. Riesgos generales y su prevención.

a. Riesgos ligados a las condiciones de Seguridad.

b. Riesgos ligados al medio-ambiente de trabajo.

c. La carga de trabajo, la fatiga y la insatisfacción laboral.

d. Sistemas elementales de control de riesgos. Protección colectiva e individual.

e. Planes de emergencia y evacuación.

f. El control de la salud de los trabajadores.

Total horas: 25

III. Riesgos específicos y su prevención en el sector correspondiente a la actividad de la empresa.

Total horas: 5

IV. Elementos básicos de gestión de la prevención de riesgos.

a. Organismos públicos relacionados con la Seguridad y Salud en el Trabajo.

b. Organización del trabajo preventivo: "rutinas" básicas.

c. Documentación: recogida, elaboración y archivo.

Total horas: 5

V. Primeros auxilios.

Total horas: 5

B) Contenido mínimo del programa de formación, para el desempeño de las funciones de nivel básico

I. Conceptos básicos sobre seguridad y salud en el trabajo.

a. El Trabajo y la Salud: los riesgos profesionales. Factores de riesgo.

b. Daños derivados de trabajo. Los Accidentes de Trabajo y las Enfermedades profesionales. Otras patologías derivadas del trabajo.

c. Marco normativo básico en materia de prevención de riesgos laborales. Derechos y deberes básicos en esta materia.

Total horas: 7

II. Riesgos generales y su prevención.

a. Riesgos ligados a las condiciones de Seguridad.

b. Riesgos ligados al medio-ambiente de trabajo.

c. La carga de trabajo, la fatiga y la insatisfacción laboral.

d. Sistemas elementales de control de riesgos. Protección colectiva e individual.

e. Planes de emergencia y evacuación.

f. El control de la salud de los trabajadores.

Total horas: 12

III. Riesgos específicos y su prevención en el sector correspondiente a la actividad de la empresa.

Total horas: 5

IV. Elementos básicos de gestión de la prevención de riesgos.

a. Organismos públicos relacionados con la Seguridad y Salud en el Trabajo.

b. Organización del trabajo preventivo: "rutinas" básicas.

c. Documentación: recogida, elaboración y archivo.

Total horas: 4

V. Primeros auxilios.

Total horas: 2

3.1.3. Anexo V: Contenido mínimo del programa de formación, para el desempeño de las funciones de nivel intermedio.

I. Conceptos básicos sobre seguridad y salud en el trabajo.

a. El trabajo y la salud: los riesgos profesionales.

b. Daños derivados del trabajo. Accidentes y enfermedades debidos al trabajo: conceptos, dimensión del problema. Otras patologías derivadas del trabajo.

c. Condiciones de trabajo, factores de riesgo y técnicas preventivas.

d. Marco normativo en materia de prevención de riesgos laborales. Derechos y deberes en esta materia.

Total horas: 20

II. Metodología de la prevención I: técnicas generales de análisis, evaluación y control de los riesgos.

1. Riesgos relacionados con las condiciones de seguridad:

Técnicas de identificación, análisis y evaluación de los riesgos ligados a:

    a. Máquinas.

    b. Equipos, instalaciones y herramientas.

    c. Lugares y espacios de trabajo.

    d. Manipulación, almacenamiento y transporte.

    e. Electricidad.

    f. Incendios.

    g. Productos químicos.

    h. Residuos tóxicos y peligrosos.

    i. Inspecciones de seguridad y la investigación de accidentes.

    j. Medidas preventivas de eliminación y reducción de riesgos.

2. Riesgos relacionados con el medio-ambiente de trabajo:

    1. Agentes físicos.

        a. Ruido.

        b. Vibraciones.

        c. Ambiente térmico.

        d. Radiaciones ionizantes y no ionizantes.

        e. Otros agentes físicos.

2. Agentes químicos.

3. Agentes biológicos.

4. Identificación, análisis y evaluación general: Metodología de actuación. La encuesta higiénica.

5. Medidas preventivas de eliminación y reducción de riesgos.

3. Otros riesgos:

a. Carga de trabajo y fatiga: Ergonomía.

b. Factores psicosociales y organizativos: Análisis y evaluación general.

c. Condiciones ambientales: Iluminación. Calidad de aire interior.

d. Concepción y diseño de los puestos de trabajo.

Total horas: 170

III. Metodología de la prevención II: técnicas específicas de seguimiento y control de los riesgos.

a. Protección colectiva.

b. Señalización e información. Envasado y etiquetado de productos químicos.

c. Normas y procedimientos de trabajo. Mantenimiento preventivo.

d. Protección individual.

e. Evaluación y controles de salud de los trabajadores.

f. Nociones básicas de estadística: índices de siniestralidad.

Total horas: 40

IV. Metodología de la prevención III: promoción de la prevención.

a. Formación: análisis de necesidades formativas. Técnicas de formación de adultos.

b. Técnicas de comunicación, motivación y negociación. Campañas preventivas.

Total horas: 20

V. Organización y gestión de la prevención.

1. Recursos externos en materia de prevención de riesgos laborales.

2. Organización de la prevención dentro de la empresa:

a. Prevención integrada.

b. Modelos organizativos.

3. Principios básicos de Gestión de la Prevención:

a. Objetivos y prioridades.

b. Asignación de responsabilidades.

c. Plan de Prevención.

4. Documentación.

5. Actuación en caso de emergencia:

a. Planes de emergencia y evacuación.

b. Primeros auxilios.

Total horas: 50

3.1.4. Anexo VI: Contenido mínimo del programa de formación, para el desempeño de las funciones de nivel superior.

El programa formativo de nivel superior constará de tres partes:

I. Obligatoria y común, con un mínimo de 350 horas lectivas

II. Especialización optativa, a elegir entre las siguientes opciones:

a. Seguridad en el trabajo

b. Higiene industrial

c. Ergonomía y psicosociología aplicada

Cada una de ellas tendrá una duración mínima de 100 horas.

III. Realización de un trabajo final o de actividades preventivas en un centro de trabajo acorde con la especialización por la que se haya optado, con una duración mínima equivalente a 150 horas

I. Parte común

1. Fundamentos de las técnicas de mejora de las condiciones de trabajo.
   a. Condiciones de trabajo y salud.

b. Riesgos.

c. Daños derivados del trabajo.

d. Prevención y protección.

e. Bases estadísticas aplicadas a la prevención.

Total horas: 20

2. Técnicas de prevención de riesgos laborales.

<u>1°. Seguridad en el Trabajo:</u>

a. Concepto y definición de Seguridad: Técnicas de Seguridad.

b. Accidentes de Trabajo.

c. Investigación de Accidentes como técnica preventiva

d. Análisis y evaluación general del riesgo de accidente.

e. Norma y señalización en seguridad.

f. Protección colectiva e individual.

g. Análisis estadístico de accidentes.

h. Planes de emergencia y autoprotección.

i. Análisis, evaluación y control de riesgos específicos: máquinas; equipos, instalaciones y herramientas; lugares y espacios de trabajo; manipulación, almacenamiento y transporte; electricidad; incendios; productos químicos.

j. Residuos tóxicos y peligrosos.

k. Inspecciones de seguridad e investigación de accidentes.

l. Medidas preventivas de eliminación y reducción de riesgos.

Total horas: 70

2º. Higiene Industrial:

a. Higiene Industrial. Conceptos y objetivos.

b. Agentes químicos. Toxicología laboral.

c. Agentes químicos. Evaluación de la exposición.

d. Agentes químicos. Control de la exposición: principios generales; acciones sobre el foco contaminante; acciones sobre el medio de propagación. Ventilación; acciones sobre el individuo: equipos de protección individual: clasificación.

e. Normativa legal específica.

f. Agentes físicos: características, efectos, evaluación y control: ruido., vibraciones, ambiente térmico, radiaciones no ionizantes, radiaciones ionizantes.

g. Agentes biológicos. Efectos, evaluación y control.

Total horas: 70

3º. Medicina del trabajo:

a. Conceptos básicos, objetivos y funciones.

b. Patologías de origen laboral.

c. Vigilancia de la salud.

d. Promoción de la salud en la empresa.

e. Epidemiología laboral e investigación epidemiológica.

f. Planificación e información sanitaria.

g. Socorrismo y primeros auxilios.

Total horas: 20

4º. Ergonomía y psicosociología aplicada:

a. Ergonomía: conceptos y objetivos.

b. Condiciones ambientales en Ergonomía.

c. Concepción y diseño del puesto de trabajo.

d. Carga física de trabajo.

e. Carga mental de trabajo.

f. Factores de naturaleza psicosocial.

g. Estructura de la organización.

h. Características de la empresa, del puesto e individuales.

i. Estrés y otros problemas psicosociales.

j. Consecuencias de los factores psicosociales nocivos y su evaluación.

k. Intervención psicosocial.

Total horas: 40

3. Otras actuaciones en materia de prevención de riesgos laborales.

1º. Formación.

a. Análisis de necesidades formativas.

b. Planes y programas.

c. Técnicas educativas.

d. Seguimiento y evaluación.

2º. <u>Técnicas de comunicación, información y negociación.</u>

a. La comunicación en prevención, canales y tipos.

b. Información. Condiciones de eficacia.

c. Técnicas de negociación.

Total horas: 30

4. Gestión de la prevención de riesgos laborales.

a. Aspectos generales sobre administración y gestión empresarial.

b. Planificación de la Prevención.

c. Organización de la Prevención.

d. Economía de la Prevención.

e. Aplicación a sectores especiales: Construcción, industrias extractivas, transporte, pesca y agricultura.

Total horas: 40

5. Técnicas afines.

a. Seguridad del producto y sistemas de gestión de la calidad.

b. Gestión medioambiental.

c. Seguridad industrial y prevención de riesgos patrimoniales.

d. Seguridad vial.

Total horas: 20

6. Ámbito jurídico de la prevención.

a. Nociones de derecho del trabajo.

b. Sistema español de la seguridad social.

c. Legislación básica de relaciones laborales.

d. Normativa sobre prevención de riesgos laborales.

e. Responsabilidades en materia preventiva.

f. Organización de la prevención en España.

Total horas: 40

II. Especialización optativa

a. Área de seguridad en el trabajo: deberá acreditarse una formación mínima de 100 horas prioritariamente como profundización en los temas contenidos en el apartado 2.1. de la parte común.

b. Área de higiene industrial: deberá acreditarse una formación mínima de 100 horas, prioritariamente como profundización en los temas contenidos en el .

c. Área de ergonomía y psicosociología aplicada: deberá acreditarse una formación mínima de 100 horas, prioritariamente como profundización en los temas contenidos en el apartado 2.4. de la parte común.

CAPÍTULO 4

REAL DECRETO 1161/2001 DE 26 DE OCTUBRE, ESTABLECE EL TÍTULO DE TÉCNICO SUPERIOR EN PREVENCIÓN DE RIESGOS PROFESIONALES Y LAS CORRESPONDIENTES ENSEÑANZAS MÍNIMAS

Autores:
Ana Padilla Fortes
Joaquín J. Gámez de La Hoz

4.1. El título de Técnico Superior en Prevención de Riesgos Profesionales y las correspondientes enseñanzas mínimas.

4. Real Decreto 1161/2001 de 26 de octubre, establece el título de Técnico Superior en Prevención de Riesgos Profesionales y las correspondientes enseñanzas mínimas

4.1. El título de Técnico Superior en Prevención de Riesgos Profesionales y las correspondientes enseñanzas mínimas.

El Real Decreto 1161/2001, de 26 de octubre, establece el título de Técnico Superior en Prevención de Riesgos Profesionales y las correspondientes enseñanzas mínimas. Dicho título pertenece a la familia profesional de Mantenimiento y Servicios a la Producción. Este ciclo formativo, de grado superior, tiene una duración total de 2.000 horas (dos años lectivos), incluidas las prácticas en las empresas.

La competencia general de este título profesional es, según el referido Real Decreto "participar en la prevención, protección colectiva y protección personal mediante el establecimiento o adaptación de medidas de control y correctoras para evitar o disminuir los riesgos hasta niveles aceptables con el fin de conseguir la mejora de la seguridad y la salud en el medio profesional de acuerdo a las normas establecidas".

Al Técnico Superior en Prevención de Riesgos Profesionales se le exigen, como capacidades profesionales:

➢ Poseer una visión global e integrada del proceso de producción que le permita colaborar con otros departamentos internos y externos en la planificación de las actividades que puedan comportar daños para los trabajadores, las instalaciones o el entorno, con objeto de su prevención.

➢ Colaborar con los servicios y entidades con competencia en prevención de riesgos laborales y especialmente con aquellos que, en su caso, formen parte del sistema de prevención en la empresa.

➢ Promover, con carácter general, la prevención en la empresa.

Se trata por lo tanto de un profesional que debe saber trabajar en un equipo de prevención ajeno, mancomunado o propio e independiente del proceso productivo. Según indica el Real Decreto, este técnico actuará bajo la supervisión general de arquitectos, ingenieros, licenciados y/o arquitectos técnicos, ingenieros técnicos o diplomados. A este respecto, cabe recordar que el Real Decreto 39/1997, por el que se aprueba el Reglamento que regula los Servicios de Prevención, exigía una titulación universitaria para poder tomar parte en los cursos específicos de la materia, una vez superados los cuales, proporcionan la capacitación para el desempeño de las funciones del nivel superior de Técnico en Prevención de Riesgos Laborales. Esto parece indicar que el Técnico en Prevención de Riesgos Profesionales deba actuar bajo la supervisión del Técnico en Prevención de Riesgos Laborales, nivel superior -dando lugar a una diferenciación en ocasiones confusa, dada la similitud entre ambas denominaciones. Además, el Real Decreto que nos ocupa especifica en el apartado "Requerimientos de autonomía en las situaciones de trabajo" que "a este técnico, en el marco de las funciones y objetivos asignados por técnicos de nivel superior al suyo, se le requerirán en los campos ocupacionales concernidos..." Estableciendo a continuación aquellas capacidades en las que tiene autonomía:

➤ Controlar el uso de los equipos de protección individual prescritos.
➤ Realizar las evaluaciones de riesgo, así como la evaluación de la eficacia de los sistemas de prevención, salvo las específicamente reservadas al nivel superior.
➤ Proponer medidas para el control y reducción de los riesgos o plantear la necesidad de recurrir a un nivel superior.
➤ Supervisar la correcta utilización de los equipos de protección individual y de los equipos y medios de prevención colectiva.
➤ Vigilar el cumplimiento del programa de control y reducción de riesgos y efectuar personalmente las actividades de control de las condiciones de trabajo asignadas.
➤ Realizar actividades de información y formación básica de trabajadores en prevención de riesgos.

Este título de la Formación Profesional Específica (FPE), acreditado por la Administración Educativa, se debe impartir, de forma presencial, en aquellos centros educativos, públicos o privados, que oferten ciclos formativos. Esto es, en los 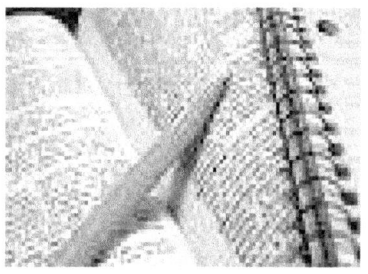 institutos de enseñanza secundaria (IES) y en los centros integrados de FP, debidamente autorizados por la autoridad competente.

Un rasgo diferenciador de la FPE es la obligatoriedad de realizar prácticas en empresas del sector que hayan suscrito un convenio con el centro educativo (para cursar el módulo de "formación en centros de trabajo"). De esta forma. El título profesional garantiza que se ha puesto en práctica, en condiciones reales, los conocimientos, habilidades, destrezas y actitudes aprendidas previamente en el centro educativo.

CAPÍTULO 5

LA FORMACIÓN EN LA ESTRATEGIA ESPAÑOLA DE SEGURIDAD Y SALUD EN EL TRABAJO 2007-2012

Autores:
Ana Padilla Fortes
Joaquín J. Gámez de La Hoz

5.1. La Formación en la Estrategia Española de Seguridad y Salud en el Trabajo 2007-2012
5.2. Plan Nacional de Formación.

5. La formación en la estrategia española de seguridad y salud en el trabajo 2007-2012

5.1. La Formación en la Estrategia Española de Seguridad y Salud en el Trabajo 2007-2012

La Estrategia Española de Seguridad y Salud en el Trabajo 2007-2012 constituye el instrumento para establecer el marco general de las políticas de prevención de riesgos laborales en dicho periodo. Pretende dotar de coherencia y racionalidad las actuaciones en materia de seguridad y salud en el trabajo desarrollado por todos los actores relevantes en la prevención de riesgos laborales.

La Estrategia aborda la formación en prevención de riesgos laborales fundamentalmente dentro del Objetivo 6 (potenciar la formación en materia de prevención de riesgos), pero también en los Objetivos 1 (lograr un mejor y más eficaz cumplimiento de la normativa, con especial atención a las PYMES), 2 (mejorar la eficacia y la calidad del sistema de prevención) y 8 (mejorar la coordinación institucional). Como colofón del objetivo 6, la Estrategia contempla la elaboración un Plan Nacional de Formación en Prevención de Riesgos Laborales, para ordenar de manera racional las distintas actuaciones que prevé la Estrategia en este campo. Asimismo, en su apartado 8.1, se contempla la creación, en el seno de la Comisión Nacional de Seguridad y Salud en el Trabajo, de un Grupo de Trabajo sobre formación en materia de prevención de riesgos laborales, como forma de mejorar la coordinación institucional y el diseño de las políticas públicas en esta materia.

Este Grupo de Trabajo ha elaborado un documento con diversos apartados o fichas, que constituye el Plan Nacional de Formación en Prevención de Riesgos Laborales, cuyo texto final fue aprobado en los plenarios de la Comisión Nacional de Seguridad y Salud en el Trabajo de fechas 9 de diciembre de 2010 y 21 de junio de 2011.

5.2. Plan Nacional de Formación

El documento del Plan Nacional de Formación consta de doce fichas o apartados. Cada una de estas fichas consta de tres partes: Referencia en la EESST (Estrategia Española de Seguridad y Salud en el Trabajo), Situación y Medidas contempladas. Las medidas pueden consistir en compromisos asumidos por distintos Centros Directivos de la Administración General del Estado, o en recomendaciones formuladas por la Comisión Nacional a diferentes destinatarios relacionados con el tema concreto de la ficha. Los títulos de las once fichas son:

1. Integración de la prevención en la educación infantil, primaria y secundaria
2. Integración de la prevención en la formación profesional del sistema educativo
3. Integración de la prevención en la formación universitaria
4. Integración de la prevención en el sistema de formación para el empleo
5. Formación de recursos preventivos: nivel básico
6. Formación de recursos preventivos: nivel intermedio
7. Formación de recursos preventivos: nivel superior (técnicos)
8. Formación de recursos preventivos: nivel superior (personal sanitario)
9. Formación de trabajadores: trabajadores autónomos
10. Formación de trabajadores: "el carné del trabajador"
11. Formación de delegados de prevención

Las cuatro primeras fichas hacen referencia a la Integración de la Prevención en el Sistema Educativo y en la Formación para el Empleo; las cuatro siguientes se refieren a la Formación de los Profesionales de la Prevención y las tres restantes tratan de la Formación en Prevención de Colectivos Específicos.

1. INTEGRACIÓN DE LA PREVENCIÓN EN LA EDUCACIÓN INFANTIL, PRIMARIA Y SECUNDARIA

Referencia en la Estrategia Española de Seguridad y Salud en el Trabajo (EESST)

Es en esta etapa educativa en la que se adquieren – tal como se reconoce en la Estrategia Comunitaria de Seguridad y Salud - los "reflejos preventivos esenciales". Al respecto, en la línea de actuación 6.1 de la EESST se establece que "Se elaborarán medidas concretas para potenciar la incorporación de esta materia en los programas oficiales ya desde la Educación Infantil, así como la elaboración de guías para el profesor y formación teórica y práctica de docentes".

Situación

La incorporación de competencias básicas al currículo propiciada por la Ley Orgánica 2/2006, de 3 de mayo, de Educación (LOE), permite poner el acento en aquellos aprendizajes que se consideran imprescindibles, desde un planteamiento integrador y orientado a la aplicación del saber adquirido.

Con las áreas y materias del currículo se pretende que todos los alumnos y las alumnas alcancen los objetivos educativos y, consecuentemente, también que adquieran las competencias básicas. Sin embargo, no existe una relación unívoca entre la enseñanza de determinadas áreas o materias y el desarrollo de ciertas competencias. Cada una de las áreas contribuye al desarrollo de diferentes competencias y, a su vez, cada una de las competencias básicas se alcanzará como consecuencia del trabajo en varias áreas o materias.

Es desde el desarrollo de las competencias de autonomía e iniciativa personal, conocimiento e interacción con el mundo físico y la competencia social y ciudadana desde donde se trabajan conocimientos, habilidades y destrezas relacionadas directamente con la prevención de riesgos.

La formulación de las competencias básicas, objetivos, contenidos y criterios de evaluación de las diferentes áreas, que se incluyen en los currículos de enseñanzas mínimas y que, por tanto, son de aplicación en todo el estado, y que constituyen la base de los currículos elaborados por las Comunidades Autónomas, nos van a permitir trabajar tanto desde las Administraciones educativas como desde los centros y desde las aulas aquellos contenidos relativos a la prevención de riesgos.

Educación infantil

Las enseñanzas mínimas de la educación infantil vienen recogidas en el Real Decreto 1630/2006, de 29 de diciembre, por el que se establecen las enseñanzas mínimas del segundo ciclo de Educación infantil. (BOE de 4 de enero de 2007).

En las tres áreas que conforman las enseñanzas mínimas, se contemplan las acciones y situaciones que favorecen la salud y generan bienestar propio y de los demás, la práctica de hábitos saludables, la utilización adecuada de espacios, elementos y objetos, la valoración ajustada de los factores de riesgo.

Educación primaria

Las enseñanzas mínimas de la educación primaria vienen recogidas en el Real Decreto 1513/2006, de 7 de diciembre, por el que se establecen las enseñanzas mínimas de la Educación primaria. (BOE de 8 de diciembre de 2006).

Es desde las áreas de Conocimiento del Medio natural, social y cultural, Educación física, Educación para la ciudadanía y los derechos humanos desde donde se trabaja de una forma más directa todo lo relativo a la prevención de riesgos.

Se trabaja la adopción de comportamientos asociados a la seguridad personal y la actitud crítica ante los factores y prácticas sociales que favorecen o entorpecen un desarrollo saludable y comportamiento responsable.

Se contemplan la valoración de la condición física orientada a la salud, las medidas básicas de higiene y seguridad en la práctica de la actividad física, la prevención de accidentes y el uso correcto y respetuoso de materiales y espacios.

Con los criterios de evaluación se trata de constatar si los alumnos han adoptado conductas responsables y preventivas de riesgos para la salud, así como si han desarrollado habilidades manuales para montar y desmontar máquinas y qué medidas de seguridad se deben tomar para no correr riesgos, así como si aprecian el cuidado por la seguridad propia y de sus compañeros, el cuidado de las herramientas y el uso ajustado de los materiales.

Educación secundaria

Las enseñanzas mínimas correspondientes a la Educación Secundaria vienen recogidas en los siguientes Reales Decretos:

.-RD 1631/2006, de 29 de diciembre, por el que se establecen las enseñanzas mínimas correspondientes a la Educación Secundaria Obligatoria (BOE de 5 de enero de 2007).

.-RD 1467/2007, de 2 de noviembre, por el que se establece la estructura del bachillerato y se fijan sus enseñanzas mínimas (BOE de 6 de noviembre 2007).

Es desde las materias de Ciencias de la naturaleza, Física y Química, Tecnología, Tecnología industrial I y II y Electrotecnia, desde las que más se trabaja la prevención de riesgos, por los objetivos, los contenidos y los criterios de evaluación que en ellas se recogen.

Algunos de los contenidos hacen referencia a la utilización cuidadosa de los materiales e instrumentos básicos de un laboratorio y respeto por las normas de seguridad en el mismo y el manejo por parte de los alumnos de los dispositivos con destreza y seguridad suficientes.

Además tienen especial importancia los contenidos de tipo procedimental, referidos a técnicas de trabajo con materiales, herramientas y máquinas, así como los de tipo actitudinal, relacionados con el trabajo cooperativo en equipo y hábitos de seguridad y salud.

En relación con los criterios de evaluación, se valora especialmente si han desarrollado las actitudes adecuadas para desempeñar un trabajo en el laboratorio con orden, rigor y seguridad.

Si hace uso de elementos reciclados y el trabajo respetando las normas de seguridad y salud. Si aplica criterios de seguridad en el trabajo y las normas básicas de seguridad en el taller. Si conoce y utiliza las normas de precaución y seguridad en el manejo de máquinas, sistemas y procesos técnicos. Si los alumnos manejan los dispositivos electrotécnicos con destreza y seguridad suficientes.

Como conclusión cabe destacar la importancia que se le ha dado a la prevención de riesgos en todo el diseño curricular de la educación infantil, primaria y secundaria.

Medidas contempladas

1) Instituto Nacional de Seguridad e Higiene en el Trabajo

   a) Elaboración de una Guía para la introducción de la prevención de riesgos como material transversal, dirigida a profesores de educación infantil (complementaria a las ya publicadas en relación con la enseñanza primaria y la secundaria) que incluya materiales sencillos y centrada exclusivamente en el segundo ciclo de esta etapa educativa.

   b) Inclusión en el portal del INSHT de una página dedicada a la Seguridad y Salud en el Trabajo en el Sistema Educativo y, en particular, en la educación obligatoria, donde se recojan documentos, vínculos, directorios, etc., que sean de utilidad para facilitar la integración de la prevención en las enseñanzas correspondientes

2) Ministerio de Educación

a) Inclusión, en los temarios de acceso a la función pública para maestros y profesores, de contenidos relativos a prevención de riesgos laborales, tanto encaminados a la prevención de los riesgos del profesorado como enfocado a la educación del alumnado.

b) Inclusión de requisitos que garanticen la prevención de riesgos laborales en los nuevos Reales Decretos de requisitos mínimos de centros, tanto para las enseñanzas de régimen general como para las enseñanzas de régimen especial, que sustituirán a los actuales Reales Decretos 1004/1991 y 389/1992, siguiendo la aplicación de la Directiva 2006/123/CE del Parlamento Europeo relativa a Servicios en el mercado interior.

3) Comisión Nacional de Seguridad y Salud en el Trabajo

Recomendar a las autoridades educativas de las Comunidades Autónomas el desarrollo, en colaboración con las autoridades laborales y los órganos técnicos en materia de seguridad y salud, de actuaciones específicamente dirigidas a los centros de Educación Infantil, Primaria y Secundaria Obligatoria para:

a) Velar por la integración de la prevención en el sistema de gestión del centro y asegurar unas adecuadas condiciones de seguridad y salud en el trabajo.

b) Promover la introducción de contenidos de prevención de riesgos laborales en los cursos master en formación del profesorado de Educación Secundaria, así como la actualización del profesorado en materia de prevención.

c) Apoyar la elaboración de recursos didácticos para profesores y alumnos.

d) Promover la experimentación e innovación didáctica que permita evolucionar la enseñanza en este ámbito.

2. INTEGRACIÓN DE LA PREVENCIÓN EN LA FORMACIÓN PROFESIONAL DEL SISTEMA EDUCATIVO

Referencia en la Estrategia Española de Seguridad y Salud en el Trabajo (EESST)

En la línea de actuación 6.2 de la EESST se establece que:

- "Se profundizará en la transversalidad de la prevención de riesgos laborales en la totalidad de los títulos de Formación Profesional reglada, modernizando el tratamiento de los contenidos preventivos y dedicando una atención reforzada a aquellos que no son de rama industrial  (administrativos, sanitarios, agroalimentarios...).
- Se mejorará la capacitación del profesorado para impartir los contenidos preventivos de las diferentes titulaciones".

Antecedentes

La formación relativa a la prevención de riesgos laborales en los títulos de formación profesional se sustenta y desarrolla en las siguientes disposiciones normativas:

a) La Ley Orgánica 2/2006 de 3 de mayo, de Educación, establece:

- En el artículo 2. Fines en su apartado i) "La capacitación para el ejercicio de actividades profesionales".
-En el artículo 40. Objetivos en su apartado d) "Trabajar en condiciones de seguridad y salud, así como prevenir los posibles riesgos derivados del trabajo".

b) El Real Decreto 1538/2006, de 15 de diciembre de ordenación general de la formación profesional del sistema educativo establece:

-En el Capítulo I artículo 3, Objeto de las enseñanzas de formación profesional, en sus apartados, d) "Trabajar en condiciones se seguridad y salud, así como prevenir los posibles riesgos derivados del trabajo" y g) "Lograr las competencias relacionadas con las áreas prioritarias referidas en la Ley Orgánica 5/2002, de 19 de junio, de las Cualificaciones y de la Formación Profesional".

-En el Capítulo II artículo 4. Títulos de formación profesional, en su apartado d) "Se incorporarán las áreas prioritarias previstas en la disposición adicional tercerea de la Ley 5/2002, de 19 de junio, de las Cualificaciones y de la Formación Profesional, las competencias básicas y …"

-En el Capítulo II artículo 10. Formación relacionada con las áreas prioritarias, en el punto 2. "En aquellos ciclos formativos cuyo perfil profesional lo exija, se incorporará en módulos profesionales específicos la formación relativa a tecnologías de la información y comunicación, idiomas y la prevención de los riesgos laborales. En los demás ciclos formativos dicha formación se incorporará de forma transversal en los módulos profesionales que forman el título, sin perjuicio de otras soluciones que las Administraciones Educativas pueden habilitar respecto de los idiomas".

-En el Capítulo II artículo 13. Formación relacionada con la orientación y relaciones laborales y el desarrollo del espíritu emprendedor, en el punto 2. "Esta formación se incorporará en uno o varios módulos profesionales específicos sin perjuicio de su tratamiento transversal, según lo exija el perfil profesional. Los contenidos de estos módulos profesionales estarán enfocados a las características propias de cada familia profesional o del sector o sectores productivos".

c) La Ley Orgánica 5/2002, de 19 de junio, de las Cualificaciones y de la Formación Profesional, establece en su Disposición adicional tercera: Se incorporarán a las ofertas formativas con cargo a recursos públicos las relativas a las áreas prioritarias y estas son entre otras la de "Prevención de riesgos laborales".

Situación

En todos los títulos de formación profesional establecidos en el ámbito de la LOGSE se incluyó un módulo profesional de Formación y Orientación Laboral (FOL), en el que en un apartado denominado "Salud Laboral" se abordan los conceptos básicos de la prevención, la actuación en caso de accidente y los primeros auxilios. El tiempo asignado a Salud Laboral en el módulo FOL de los proyectos  curriculares de los títulos de Formación profesional es variable. Además del módulo FOL, aproximadamente en la mitad de los títulos se incluyó algún módulo específico relacionado con la seguridad y la salud en el sector o en la actividad propia de la profesión.

Tras la entrada en vigor de la LOE, el Ministerio de Educación incluye, en las enseñanzas mínimas de todos los títulos de formación profesional, los contenidos del anexo IV del Reglamento de los Servicios de Prevención (con una duración mínima de 45 horas); con ello se pretende que todos los alumnos, al finalizar sus estudios, tengan la capacidad para desempeñar las funciones preventivas de nivel básico. Además, en los Módulos Profesionales donde se desarrollen técnicas operativas se incluye un "Resultado de Aprendizaje" o "Criterios de evaluación" específicos de prevención para su aplicación a las mismas.

Como complemento a todo lo anterior, cabe añadir que el artículo 30 de la LOE establece que corresponde a las Administraciones educativas organizar programas de cualificación profesional inicial destinados al alumnado mayor de dieciséis años, que no haya obtenido el título de Graduado en Educación Secundaria Obligatoria, con el objetivo de que todos los alumnos alcancen competencias profesionales propias de una cualificación de nivel uno de la estructura actual del Catálogo Nacional de Cualificaciones Profesionales, así como que tengan la posibilidad de una inserción sociolaboral satisfactoria y amplíen sus competencias básicas para proseguir estudios en las diferentes enseñanzas.

Los programas de cualificación profesional inicial incluyen tres tipos de módulos:

a) Módulos específicos referidos a unidades de competencia.
b) Módulos formativos de carácter general que amplían competencias básicas y favorecen la transición desde el sistema educativo al mundo laboral.
c) Módulos voluntarios que conducen a la obtención del título de Graduado en Educación Secundaria Obligatoria.

Los módulos específicos, independientemente de la Comunidad Autónoma que lo diseñe, deben recoger la formación en prevención de riesgos en la medida que se requiera en las realizaciones y criterios de realización de la actividad profesional que se describe en cada unidad de competencia a la que van asociados los módulos. Por otro lado, la legislación que regula en las diferentes Comunidades Autónomas los programas de cualificación profesional inicial ha contemplado, sin excepción, algún módulo que trata los aspectos generales básicos de la prevención.

Medidas contempladas

1) Ministerio de Educación (con la colaboración, cuando proceda, del INSHT)

En relación con los títulos de FP y los Programas de Cualificación Profesional Inicial:

a. Incluir en los nuevos títulos de formación profesional los contenidos mínimos que habiliten para el desempeño de funciones preventivas de Nivel Básico, teniendo en cuenta el contexto profesional correspondiente.

b. Incluir en los Módulos Profesionales donde se desarrollen técnicas operativas algún "Resultado de Aprendizaje" o "Criterio de evaluación" específico de prevención, relacionados con la identificación, la evaluación de los riesgos más habituales en el contexto profesional de referencia del módulo y medidas preventivas a adoptar frente a los mismos.

c. Desarrollar actividades para la formación e información del profesorado en materia de prevención y elaborar recursos didácticos.

d. Revisar los temarios de oposición de acceso a las diferentes especialidades de Formación Profesional y prestar atención en incluir, donde proceda, aspectos de prevención de riesgos laborales.

e. Establecer las relaciones necesarias, con el fin de incorporar, en los títulos de formación profesional, y, en su caso, programas de cualificación profesional en el ámbito de gestión del Ministerio de Educación, la formación establecida en los posibles carnés, tarjetas y acreditaciones que se puedan exigir para la incorporación laboral.

En relación con las cualificaciones profesionales:

La legislación actual, determina que las ofertas formativas del sistema educativo y del laboral conducentes a la obtención de los títulos de formación profesional y certificados de profesionalidad, se articulen en base al Catálogo Nacional de Cualificaciones Profesionales. En el proceso de elaboración y actualización de las mismas, el Instituto Nacional de las Cualificaciones prestará una atención preferente para que en cada cualificación profesional quede debidamente reflejada la exigencia necesaria en materia de prevención según la actividad profesional recogida en la misma.

2) Instituto Nacional de Seguridad e Higiene en el Trabajo (INSHT)

Inclusión en el portal del INSHT de una página dedicada a la Seguridad y Salud en el Trabajo en el Sistema Educativo y, en particular, en la formación profesional, donde se recojan documentos, vínculos, directorios, etc que sean de utilidad para facilitar la integración de la prevención en las enseñanzas correspondientes.

3) Comisión Nacional de Seguridad y Salud en el Trabajo

-Recomendar a las autoridades educativas de las Comunidades Autónomas el desarrollo, en colaboración con las autoridades laborales y los órganos técnicos en materia de seguridad y salud, de actuaciones específicamente dirigidas a los centros de formación profesional para:

a) Velar por la integración de la prevención en el sistema de gestión del centro y asegurar unas adecuadas condiciones de seguridad y salud en el trabajo.

b) Promover la actualización del profesorado en materia de prevención. c) Apoyar la elaboración de recursos didácticos para profesores y alumnos. d) Promover la experimentación e innovación didáctica que permita evolucionar la enseñanza en este ámbito.

- Recomendar a las comisiones negociadoras de convenios colectivos sectoriales el reconocimiento de la formación en prevención de riesgos laborales a los trabajadores que acrediten estar en posesión del título de formación profesional relacionado con el sector, cuando en dicho sector estén establecidos requisitos diferentes a los definidos en el nivel básico.

3. INTEGRACIÓN DE LA PREVENCIÓN EN LA FORMACIÓN UNIVERSITARIA

Referencia en la Estrategia Española de Seguridad y Salud en el Trabajo (EESST)

En la línea de actuación 6.3 de la EESST se establece que *"Se perfeccionará la integración de los contenidos preventivos en los curricula de las titulaciones universitarias más directamente relacionados con la seguridad y salud en el trabajo"*.

Situación

En la actualidad, la integración de la prevención en los planes de estudio de los títulos universitarios es claramente insuficiente, muy variable y, en cualquier caso, no se ha abordado de forma sistemática con el objetivo de capacitar al alumno para que desarrolle su actividad profesional considerando la seguridad y la salud de los trabajadores y aplicando los principios de la prevención de los riesgos laborales.

Medidas contempladas

1) Ministerio de Educación (con la colaboración, cuando proceda, del INSHT)

Adopción de las medidas necesarias, en su caso, de carácter normativo, para:

-Promover la cultura preventiva en la formación universitaria mediante la integración transversal de la prevención de riesgos laborales en los planes de estudio[1] de todas las titulaciones[2] y considerar dicha integración como un requisito a valorar en los procesos de acreditación y verificación de los títulos universitarios, en su caso.

-Asegurarse de que las actividades de los alumnos y, en particular, las prácticas de laboratorio, talleres y trabajos de campo, se realizan de forma que se respetan los principios de la acción preventiva establecidos en el artículo 15 de la Ley de Prevención de Riesgos Laborales.

-Valorar como méritos, en los procesos selectivos de acceso y en los de promoción del personal, la formación recibida y, en su caso, la actividad docente e investigadora en prevención de riesgos laborales.

- Facilitar la formación en prevención del personal docente.

---

1 Entendiendo por "integración de la prevención en los planes de estudio" la inclusión en éstos de la formación necesaria para que el futuro profesional, cuando tenga que tomar decisiones o desarrollar actividades propias de su campo de competencia, sea capaz de identificar y evaluar los riesgos más habituales que pueden generarse (para sí mismo o para terceros) y de conocer las medidas preventivas que conviene adoptar frente a los mismos.

2 Incluido, en particular, en relación con los masteres, el Master de Profesorado de Secundaria.

2) Instituto Nacional de Seguridad e Higiene en el Trabajo (INSHT)

Inclusión en el portal del INSHT de una página dedicada a la Seguridad y Salud en el Trabajo en el Sistema Educativo y, en particular, en la formación universitaria, donde se recojan documentos, vínculos, directorios, etc., que sean de utilidad para facilitar la integración de la prevención en las enseñanzas correspondientes.

4. INTEGRACIÓN DE LA PREVENCIÓN EN EL SISTEMA DE FORMACIÓN PARA EL EMPLEO

Referencia en la Estrategia Española de Seguridad y Salud en el Trabajo (EESST)

En la línea de actuación 6.4 de la EESST se establece que "En el marco del desarrollo y ejecución del IV Acuerdo Nacional de Formación, del Acuerdo de Formación Profesional para el Empleo y del Real Decreto 395/2007 por el que se regula el subsistema de formación profesional para el empleo:

.-Se prestará especial atención a la transversalidad de la prevención de riesgos laborales en el proceso de desarrollo y ejecución del nuevo Sistema de Formación para el Empleo.

.-Se articularán ofertas formativas dirigidas a la formación en materia preventiva de los trabajadores, ocupados o desempleados, y a la formación de trabajadores ocupados para el desempeño de funciones de nivel básico, intermedio o superior en prevención de riesgos laborales.

-En la ejecución de estas actuaciones se promoverá especialmente el acceso a la formación en materia de prevención de riesgos laborales de trabajadores con mayores necesidades formativas, como es el caso de los trabajadores de pequeñas y medianas empresas, trabajadores con baja cualificación, jóvenes,  inmigrantes y personas con discapacidad".

Situación

Tras la aprobación del RD 395/2007, los dos antiguos subsistemas de formación ocupacional y formación continua se agrupan en el nuevo subsistema de "formación profesional para el empleo". Este Decreto cita, entre los colectivos prioritarios para participar en las acciones formativas, a los trabajadores de las PYMES, trabajadores con baja cualificación, jóvenes y personas con discapacidad, por considerarlos trabajadores con mayor dificultad de inserción o de mantenimiento en el mercado de trabajo.

Además, la normativa que desarrolla el RD 395/2007 en materia de formación de oferta y de formación de demanda señala, entre las áreas prioritarias de formación, la "prevención de riesgos laborales". Se introduce la posibilidad de desarrollar acciones o módulos formativos específicos sobre dicha materia, con una duración mínima de 4 horas. Adicionalmente, en el caso de los planes de oferta dirigidos prioritariamente a trabajadores ocupados, esta formación puede tener prioridad en la valoración de las solicitudes que se presenten, si así se indica en las convocatorias. Al respecto, cabe resaltar que las convocatorias de oferta de acciones formativas en materia de prevención podrán ser cofinanciadas por el Fondo Social Europeo, como viene ya ocurriendo desde 2007.

En el fichero de especialidades formativas del Servicio Público de Empleo Estatal se ofertan, como formación complementaria, dos especialidades formativas, FCSL01 Prevención de riesgos y FCOS02 Básico de prevención de riesgos laborales. La primera de ellas tiene una duración de 10 horas y la segunda de 30 horas. La programación de cada una de estas especialidades se realiza a continuación de la impartición de cualquier curso de especialidades de carácter ocupacional. En el año 2007 se han formado en estas dos especialidades 117.192 alumnos. Esto representa que el 44,2% del total de los alumnos formados ha recibido esta formación.

En relación con los certificados de profesionalidad, los 130 que fueron publicados entre los años 1995 y 1999 incluyen en el referente formativo contenidos relativos a la seguridad y salud en el trabajo salvo en nueve de los casos, si bien sólo 52 de los mismos contienen módulos específicos sobre prevención. No obstante hay que tener en cuenta que algunos de estos certificados ya están derogados y que, en la actualidad, se está procediendo a la elaboración de nuevos certificados de profesionalidad sobre la base del Catálogo Nacional de Cualificaciones Profesionales (CNCP). En todos los nuevos certificados se están incluyendo contenidos de prevención de riesgos laborales en aquellos módulos formativos que se considera necesario, habida cuenta de sus competencias profesionales.

Finalmente, en relación con el nivel básico de prevención, se pretende incluir, en aquellos certificados de profesionalidad que proceda, fundamentalmente los relacionados con las actividades del Anexo I del Reglamento de Servicios de Prevención, la totalidad de los contenidos correspondientes al programa de formación determinados en el anexo IV del citado Reglamento, de modo que se habilite a quienes lo superen para el desempeño de las funciones de nivel básico. Esta medida está en consonancia con los programas del Instituto Nacional de las Cualificaciones para la actualización del CNCP en esta materia.

Medidas contempladas

1) Servicio Público de Empleo Estatal (con la colaboración, cuando proceda, del INSHT):

a) Analizar los contenidos en materia de prevención de los certificados de profesionalidad, con vistas a elaborar propuestas para su mejora y/o ampliación en el momento de la elaboración de nuevos certificados de profesionalidad.

b) Promover la actualización de los formadores incluyendo en cada uno de los cursos de perfeccionamiento técnico contenidos de sensibilización en prevención de riesgos relacionados con condiciones de seguridad de la actividad específica.

c) Incluir en los certificados de profesionalidad contenidos que habiliten para el desempeño de funciones preventivas de nivel básico siempre que en la cualificación profesional de referencia figuren las competencias profesionales ligadas a este nivel básico.

2) Comisión Nacional de Seguridad y Salud en el Trabajo

Recomendar la elaboración de proyectos formativos, en especial, por las organizaciones empresariales y sindicales, dirigidos a los trabajadores con mayores necesidades formativas mencionados en la línea de actuación 6.4 de la EESST, para su posible financiación por el Servicio Público de Empleo Estatal, teniendo en cuenta que la normativa que regula este tipo de formación considera prioritarios, tanto el área de la prevención, como dichos colectivos (y sin perjuicio de que dichas organizaciones puedan presentar también otros tipos de proyectos formativos que consideren prioritarios).

5. FORMACIÓN DE RECURSOS PREVENTIVOS: NIVEL BÁSICO

Referencia en la Estrategia Española de Seguridad y Salud en el Trabajo (EESST)

En distintos apartados de la EESST y, en particular, en el que trata del Plan Nacional de Formación (línea de actuación 6.6) se alude a la formación de los recursos preventivos para el desempeño de funciones de nivel básico.

Situación

Los trabajadores con capacidad para desempeñar funciones preventivas de nivel básico constituyen un recurso esencial en la organización preventiva de las empresas, no sólo por el apoyo que pueden prestar a los que desempeñan funciones de nivel intermedio y superior en la propia empresa, sino también, especialmente, para atender las consultas más elementales y hacer de puente entre el Servicio de Prevención Ajeno y la empresa, cuando ésta carece de cualquier otro recurso preventivo propio. Además, estos trabajadores pueden también constituir el "recurso preventivo presencial" a que hace referencia el artículo 32 bis.4 de la LPRL, aunque no sean trabajadores designados ni formen parte del Servicio de Prevención.

En los apartados 2 (Integración de la prevención en la formación profesional del sistema educativo) y 4 (Integración de la prevención en el sistema de formación para el empleo) de este documento se han introducido y presentado las medidas que se contempla adoptar, en el marco de dichos sistemas, para formación de recursos de nivel básico, las cuales se vuelven a indicar a continuación.

Medidas contempladas

1) Ministerio de Educación, Política Social y deporte (con la colaboración, cuando proceda, del INSHT)

Incluir en nuevos títulos de formación profesional los contenidos mínimos que habiliten para el desempeño de funciones de nivel básico, teniendo en cuenta el contexto profesional correspondiente.

2) Servicio Público de Empleo Estatal (con la colaboración, cuando proceda, del INSHT)

Incluir en los certificados de profesionalidad contenidos que habiliten para el desempeño de funciones preventivas de nivel básico, siempre que en la cualificación profesional de referencia figuren las competencias profesionales ligadas a este nivel básico.

6. FORMACIÓN DE RECURSOS PREVENTIVOS: NIVEL INTERMEDIO

Referencia en la Estrategia Española de Seguridad y Salud en el Trabajo (EESST)

En distintos apartados de la EESST se trata de la formación de los recursos preventivos para el desempeño de funciones de nivel intermedio; en particular, en la línea de actuación 6.5 se establece que "Se articularán soluciones, con carácter urgente, para atender el déficit de profesionales para el desempeño de funciones de nivel intermedio, incluidas las personas encargadas de la coordinación de actividades preventivas a que se refiere el Real Decreto 171/2004. Para ello se buscarán fórmulas equilibradas basadas en la titulación de Formación Profesional como "técnico superior de prevención de riesgos laborales profesionales", la obtención del "certificado de profesionalidad de la ocupación de prevención de riesgos laborales" u otras posibles vías de capacitación basadas en una dilatada experiencia profesional. En estos dos últimos supuestos será exigible una evaluación acreditativa, por autoridad pública competente, para obtener la referida titulación intermedia".

Situación actual

a) Evolución de la "oferta" de técnicos de nivel intermedio[1]

Para analizar la problemática del "déficit de profesionales" a la que alude la EESST, debe tenerse en cuenta, en primer lugar, que la "formación intermedia", de 300 horas, que proporcionaban entidades formativas autorizadas por la autoridad laboral dejó de realizarse cuando el título de Técnico Superior de Prevención de Riesgos Profesionales[2], de 2000 horas, fue implantándose y se expidieron las primeras titulaciones.

----

1 La fuente de los datos aportados en este apartado son las estadísticas del Ministerio de Educación.
2 El Real Decreto 1161/2001, de 26 de octubre de 2001, por el que se establece el título de Técnico Superior de Prevención de Riesgos Profesionales, entró en vigor el 21 de noviembre de 2001.

La valoración que hizo la Estrategia respecto a dicho déficit se basó probable-mente en la situación que existía en el periodo de transición entre el sistema de certificación por entidades autorizadas y la puesta en marcha del Ciclo Formativo de Técnico Superior de Prevención de Riesgos Profesionales.

En los años transcurridos, la situación ha evolucionado de forma muy satisfactoria, debiendo valorarse el esfuerzo realizado por las comunidades autónomas en la implantación de este Título.

La información de los cursos 2009-2010 y 2010-2011 no está disponible aún, Número de Titulados pero, teniendo en cuenta los datos de avance publicados, se considera que ha habido un aumento del 4,5 % en general del alumnado matriculado en los ciclos formativos de grado superior, por lo que es de esperar que se aproxime a los 3.429 matriculados en cada uno de los dos cursos. En total, existen 82 centros que imparten el ciclo formativo de grado superior en Prevención de riesgos profesionales, 73 públicos y 9 de carácter privado.

Además, hay que señalar que en el curso 2005-2006 se implantó este ciclo formativo en régimen de distancia, y la matrícula está aumentando de forma muy significativa (desde 51 alumnos en el curso 2005-2006 hasta 895 en el 2008-2009).

El número de titulados como Técnicos superiores en prevención de riesgos profesionales al finalizar el curso 2007-2008 era de 3.920. Si a este número añadimos los posibles 10.143 alumnos matriculados en los tres cursos siguientes, aun aceptando un número igual de titulados por año al del 2007-2008, pese a que haya aumentado la matrícula, supone que al finalizar este curso 2010-2011 habrá 3.384 titulados más, lo que supone un total de 7.304 titulados.

b) Estimación de las necesidades de técnicos de nivel intermedio

Los recursos humanos exigibles a los servicios de prevención y, en concreto, las "ratios" (número de trabajadores que pueden ser atendidos por un técnico de prevención) se establecen en la Orden ministerial (TIN 2504/2010) de desarrollo del Reglamento de los Servicios de Prevención (BOE 28.9.10). En la actualidad, la mayoría de los técnicos a que se ha hecho referencia son de nivel superior. No obstante, la Orden citada permite que, como máximo, el 50% de los técnicos resultantes de la aplicación de las ratios sean de nivel intermedio.

Estas ratios, sin embargo, no son de aplicación a los servicios de prevención propios, a una parte de los servicios de prevención mancomunados y a las Administraciones Públicas (las cuales tienen disposiciones específicas que regulan esta materia). Por otra parte, a la hora de estimar las necesidades de técnicos de prevención, debe tenerse en cuenta que no todos trabajan en un servicio de prevención. Las Administraciones Públicas y las Mutuas de AT y EEPP, por ejemplo, necesitan técnicos para desarrollar las funciones preventivas que tienen atribuidas.

En las condiciones descritas resulta difícil efectuar una estimación precisa de la necesidad de técnicos de prevención y, con mayor motivo, de técnicos de nivel intermedio. Asumiendo que la ratio media aplicable al conjunto de los colectivos mencionados se situará probablemente entre 1.000 y 1.500 trabajadores por técnico y que la población asalariada es de poco más de 15 millones (EPA 2º trimestre 2010) puede aceptarse en principio 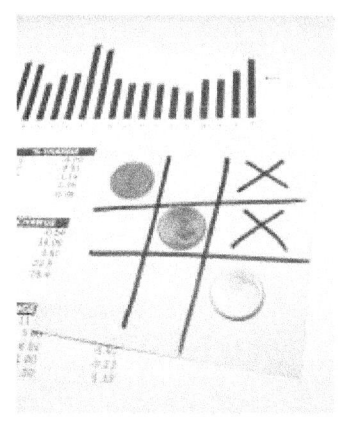 que el número de técnicos necesarios estará entre 10.000 y 15.000. Aunque la proporción de técnicos intermedios pueda ir aumentando a raíz de lo dispuesto en la mencionada OM, difícilmente alcanzará el

50% del total de los técnicos necesarios. De alcanzarse este 50%, la necesidad de técnicos intermedios se situaría entre 5.000 y 7.500, en el mejor de los casos.

Teniendo en cuenta los datos aportados anteriormente en relación con el número de titulados a través de la FP y la evolución de las matriculaciones, y considerando además que son varios miles los habilitados en su día mediante certificación emitida por una entidad formativa autorizada por la autoridad laboral[1], cabe concluir que no existe actualmente el déficit de técnicos intermedios a que alude la EESST.

----

1 No se dispone de información suficiente para estimar el total de "habilitados", pero baste decir que sólo el Servicio Público de Empleo proporcionó, hasta la implantación del Título, una "formación intermedia" (de 320 horas y acorde con el programa establecido en el Anexo V del RSP) a más de 15.000 trabajadores desempleados.

c) Reconocimiento de las competencias profesionales adquiridas por la experiencia laboral

En relación con la formación de técnicos de nivel intermedio, deben resaltarse las posibilidades creadas con la aprobación del Real Decreto 1224/2009, por el que se establece el procedimiento para la evaluación y acreditación de competencias profesionales adquiridas a través de la experiencia laboral y vías no formales de formación. Esta norma permitirá, a las personas con experiencia en materia de prevención, acreditar sus competencias profesionales para, complementándolas, en su caso, con la formación adicional que se requiera, obtener la acreditación necesaria para el ejercicio profesional.

d) Consideraciones respecto a colectivos específicos

El análisis de la adecuación entre la oferta y demanda de técnicos de nivel intermedio debe tener en cuenta, además del resultado del balance global efectuado en los apartados anteriores, la conveniencia de que determinados colectivos de trabajadores ("coordinadores" del artículo 14 del Real Decreto 171/2004, empleados de las Administraciones Públicas, trabajadores que desarrollan actividades preventivas de nivel básico, ...) puedan acceder a la formación de nivel intermedio sin necesidad de abandonar su trabajo, facilitándose así a la empresa la integración de la prevención en su sistema de gestión y el uso de recursos preventivos propios.

Medidas contempladas

Ministerio de Educación y Servicio Público de Empleo Estatal (con la colaboración, cuando proceda, del INSHT):

-Colaborar en el estudio y análisis de las necesidades cualitativas y cuantitativas de técnicos de prevención de nivel intermedio en los diferentes sectores productivos y empresas, y en la adaptación de las ofertas formativas para responder con mayor eficacia a dichas necesidades, en el marco de lo establecido por la normativa sobre Cualificaciones y Formación Profesional, y de Prevención de Riesgos Laborales. Los resultados del citado análisis y la planificación de las medidas derivadas del mismo estarán disponibles en el primer semestre de 2011.

-Promover e impulsar, en colaboración con las Comunidades Autónomas, los procesos de aplicación del RD 1224/2009, en el ámbito de la prevención de riesgos laborales.

7. FORMACIÓN DE RECURSOS PREVENTIVOS: NIVEL SUPERIOR (TÉCNICOS)

Referencia en la Estrategia Española de Seguridad y Salud en el Trabajo (EESST)

En distintos apartados de la EESST se alude a la formación de los recursos preventivos para el desempeño de funciones de nivel superior y, en particular, en la línea de actuación 6.3 se establece que "Se promoverá la formación universitaria de postgrado en materia de prevención de riesgos laborales en el marco del proceso de Bolonia, como forma exclusiva de capacitar profesionales para el desempeño de funciones de nivel superior".

Situación

La nueva estructura de los títulos universitarios ha posibilitado, desde el curso 2006-2007, la aprobación, en distintas universidades españolas, de masteres relacionados con la prevención de riesgos laborales. Hasta hace poco, esta formación coexistía con la impartida por entidades formativas autorizadas por la autoridad laboral para certificar la formación de nivel superior. Sin embargo, la reciente reforma del Reglamento de los Servicios de Prevención (RSP) acaba con esta situación al modificar el apartado 2 del artículo 37 del mismo, estableciendo que para desempeñar las funciones de nivel superior será preciso contar con una titulación universitaria oficial y poseer una formación mínima acreditada por una universidad con el contenido especificado en el programa a que se refiere el anexo VI, cuyo desarrollo tendrá una duración no inferior a seiscientas horas y una distribución horaria adecuada a cada proyecto formativo, respetando la establecida en el anexo citado.

Medidas contempladas

Ministerios de Trabajo y Educación

Modificar el apartado 2 del artículo 37 del RSP de la siguiente forma: Para desempeñar las funciones relacionadas en el apartado anterior será preciso estar en posesión de un título universitario oficial y acreditar la superación de una formación oficial impartida por una universidad de acuerdo con el programa formativo establecido en el Anexo VI, en relación, al menos, con una de las especializaciones indicadas en la parte II de dicho anexo.

Comisión Nacional de Seguridad y Salud en el Trabajo

Recomendar al Ministerio de Educación que promueva, a través del Consejo de Universidades:

-El establecimiento de unos criterios comunes que faciliten y orienten la traslación del programa formativo (contenidos y duraciones) establecido en el Anexo VI del RSP a los planes de estudios de los títulos que acrediten para el desempeño de las funciones de nivel superior, conforme a lo dispuesto en el artículo 37.2 del Reglamento de los Servicios de Prevención[1].

-La toma en consideración, a la hora de elaborar dichos criterios, de los planteamientos del Grupo de trabajo sobre "Educación y Formación" de la CNSST (a través de los cauces que se establezcan a tal efecto) y, en particular, de las siguientes recomendaciones:

1) Que las universidades establezcan criterios preferentes de admisión ala formación a que se refiere el Anexo VI de Reglamento, en función de la rama de conocimiento a la que esté adscrito el correspondiente título oficial desde el que se accede.

2) Que los planes de estudios se detallen de forma que se facilite el reconocimiento de créditos cuando elementos del programa formativo del Anexo VI estén incluidos en los planes de estudio del título universitario oficial que se posea[2].

3) Que, a la hora de trasladar los contenidos del Anexo VI del RSP a los planes de estudios, se analice la posible conveniencia de incrementar la formación mínima establecida en dicho anexo, en relación con los temas determinados, teniendo en cuenta la evolución de la normativa y la práctica preventiva[3].

----

1 Se trata de evitar que la aplicación de un requisito formativo concreto, establecido en dicho anexo, quede mediatizada por la interpretación potencialmente dispar que pueda hacer del mismo cada universidad (evitar, por ejemplo, que varíen significativamente los créditos mínimos asignados en el plan de estudios a un tema para el que el anexo VI fija un número concreto de horas lectivas.

2 Promoviéndose la acreditación de las especialidades más directamente entroncadas con dicho título.

3 El Anexo VI del RSP establece una formación de "mínimos". Nada impide, por tanto, incrementar la formación en materias determinadas cuando existan razones que lo justifiquen. Teniendo en cuenta la evolución que ha experimentado la normativa y práctica preventiva desde la aprobación del citado anexo, se considera conveniente una revisión sistemática de sus contenidos para determinar qué temas podrían ser incorporados o ampliados a la hora de elaborar los planes de estudio de los títulos que acrediten para el desempeño de las funciones de nivel superior.

8. FORMACIÓN DE RECURSOS PREVENTIVOS: NIVEL SUPERIOR (PERSONAL SANITARIO)

Referencia en la Estrategia Española de Seguridad y Salud en el Trabajo (EESST)

En la EESST se hace una referencia específica (línea de actuación 2.6.d) a la formación de los MIR: "Se promoverá e impulsará la formación de la especialidad de medicina del trabajo, dentro del sistema de formación de residencia, de manera que pueda incrementarse el número de especialistas conforme a las necesidades de la prevención de riesgos laborales".

a) Formación sanitaria especializada

El programa actual de la especialidad de Medicina del Trabajo, aprobado por Orden SCO/1526/2005, de 5 de mayo, comenzó a aplicarse en la convocatoria de plazas de formación sanitaria especializada 2004-2005. La formación por el sistema de residencia ha supuesto una mejora en las competencias profesionales de los especialistas, a la vez que se ha ido incrementando paulatinamente la oferta de plazas en las unidades docentes para cursar la especialidad.

En la convocatoria actual (2009-2010) se dispone de 18 Unidades Docentes acreditadas, tres de ellas son Unidades Docentes Multiprofesionales (Andalucía, Castilla y León y Murcia), que ofertan casi el 24 % de las plazas, en ellas se formarán tanto Médicos como Enfermeros del Trabajo, según lo dispuesto en el artículo 7 del RD 183/2008, de 8 de febrero.

De los 77 médicos que iniciaron su formación en la convocatoria 2004-2005, 55 la han finalizado en el año 2009, lo que indica un abandono de casi un 29%.

En cuanto a la especialidad de Enfermería del Trabajo, el programa formativo se aprobó por Orden SAS/1348/2009, de 6 de mayo, y en la convocatoria de plazas 2009-2010 se ofertan por primera vez doce plazas de formación en las tres Unidades Docentes Multiprofesionales acreditadas, anteriormente expuestas.

En relación con la financiación de las plazas de formación de ambas especialidades, esta puede ser pública, privada (a través de Mutuas) o mixta.

b) Formación Continuada y desarrollo Profesional Continuo

La formación sanitaria especializada se integra dentro del desarrollo profesional continuo y tiene su prolongación a través formación continuada de los profesionales especialistas en medicina o enfermería del trabajo para adecuar sus competencias a la detección de nuevos riesgos y nuevos procedimientos diagnósticos y preventivos, y así poder garantizar la calidad de las respuestas frente a los problemas de salud relacionados con el trabajo.

Por otra parte, es recomendable la formación continuada en salud laboral de otras especialidades en Ciencias de la Salud, con objeto de mejorar la detección y prevención de las enfermedades que afectan a los trabajadores, particularmente en el caso de los médicos especialistas en Medicina Familiar y Comunitaria, incidiendo en los problemas de salud más prevalentes, tanto en contingencias comunes como profesionales.

Medidas contempladas

1) Ministerio de Sanidad y Política Social

a) Analizar las necesidades de especialistas en Medicina y en Enfermería del Trabajo a través de las actualizaciones del Estudio de Necesidades de Profesionales Sanitarios.

En el próximo informe, en el que se está trabajando, se incluirá por primera vez la especialidad de Medicina del Trabajo. Para recabar los datos de los profesionales en activo de esta especialidad, se requerirá la colaboración de los Servicios Públicos de Salud, así como de las Mutuas y Servicios de Prevención. En esta actualización, se incluirá también el análisis de necesidades de Médicos Evaluadores de los Equipos de Valoración de Incapacidades del INSS, que intervienen en la valoración de los trabajadores.

b) Impulsar el establecimiento y actualización del Registro de Profesionales Sanitarios, que permitirá contar con datos precisos y ajustados.

c) Estudiar las posibles causas de los abandonos de la especialidad de Medicina del Trabajo y establecer medidas que permitan fidelizar a los profesionales durante el periodo de residencia.

d) Incluir, dentro de las competencias genéricas que se establezcan en los programas formativos troncales, las relacionadas con la identificación de los factores de riesgo asociados al trabajo, así como las relacionadas con promoción de la salud en la población trabajadora.

e) Adecuar la oferta de plazas de formación sanitaria especializa en estas dos especialidades, a la luz de las necesidades de profesionales que reflejen los informes citados en el apartado a).

f) Favorecer el desarrollo profesional continuo y la formación continuada en salud laboral tanto para los especialistas de Medicina y Enfermería del Trabajo, como de otros profesionales sanitarios (Médicos de Familia, Psiquiatras, Psicólogos Clínicos, Traumatólogos, Rehabilitadores, Oftalmólogos, Otorrinolaringólogos, Alergólogos, Neumólogos, etc.), mediante el desarrollo de los Diplomas de Capacitación y Capacitación Avanzada en esta área. En este sentido, próximamente se ofertará un curso de formación on-line sobre enfermedades profesionales y factores de riesgo del entorno laboral con los que se relacionan con el objetivo de facilitar su identificación y diagnóstico, dirigido especialmente a médicos de atención primaria, en el que participan la Escuela Nacional de Medicina del Trabajo y el Ministerio de Sanidad y Política Social. Todo ello sin dejar de señalar que, en último término, son los médicos del trabajo quienes tienen la responsabilidad de calificar y diagnosticar tanto las enfermedades profesionales como otras enfermedades relacionadas con el trabajo.

g) Estudiar la oferta de formación en áreas de capacitación avanzada, específicas en Salud Laboral, tal como se contempla en la Ley 44/2003, de ordenación de las profesiones sanitarias.

h) Promover las actividades de investigación en salud laboral especialmente en aquellos campos relacionados con las enfermedades laborales.

2) Comisión Nacional de Seguridad y Salud en el Trabajo

Recomendar al Ministerio de Educación que incorpore, en la formación del grado de Medicina y Cirugía, los contenidos relacionados con la salud laboral que se consideren necesarios para la identificación del origen laboral del daño a la salud, cuando corresponda.

9. FORMACIÓN DE TRABAJADORES: TRABAJADORES AUTÓNOMOS

Referencia en la Estrategia Española de Seguridad y Salud en el Trabajo (EESST)

En la línea de actuación 6.4 de la EESST se establece que "se promoverá el acceso a la formación en materia de prevención de riesgos laborales de trabajadores autónomos, con la finalidad de favorecer el cumplimiento de lo previsto en materia de seguridad y salud en el trabajo en la Ley 20/2007, del Estatuto del Trabajo Autónomo y conforme a la Recomendación 2003/134/CE del Consejo, de 18 de febrero de 2003, relativa a la mejora de la protección de la salud y la seguridad en el trabajo de los trabajadores autónomos".

Situación

Actualmente existe un importante número de trabajadores por cuenta propia en activo que no cuentan con formación en prevención de riesgos laborales, bien porque no han tenido la oportunidad de acceder a dicha formación o bien porque carecen de la sensibilidad para hacerlo. Esta realidad supone que, por desconocimiento o cotidianidad de su actividad, los peligros de su trabajo resulten desapercibidos, lo que les convierte en un colectivo especialmente vulnerable.

Para evitar los daños derivados del trabajo, es muy importante que los autónomos tengan la posibilidad de acceder a una formación que les permita identificar los riesgos de su actividad, saber valorarlos, y evitarlos o controlarlos.

Junto a lo anterior, es trascendental que los autónomos tengan la posibilidad de informarse y actualizar sus conocimientos sobre métodos de trabajo o innovaciones en el mercado sobre herramientas o productos para que su actividad no represente una amenaza para su salud ni para la de los otros trabajadores de su entorno.

En cuanto a las obligaciones formativas del trabajador autónomo, merece resaltar que no existe norma que establezca tal obligación. Sin embargo, la Ley de Prevención de Riesgos Laborales, en su artículo 24, el Real Decreto 1627/1997 sobre disposiciones mínimas de seguridad y salud en obras de construcción, en su artículo 12, y la Ley del Estatuto del Trabajo Autónomo, en su artículo 8, establecen una serie de derechos y obligaciones relacionadas con la prevención de riesgos laborales cuando los trabajadores autónomos concurran con otros trabajadores en un mismo centro de trabajo, por lo que sería conveniente que dichos trabajadores autónomos dispusieran de alguna preparación y/o herramienta formativa que les facilitase el adecuado cumplimiento de tales disposiciones.

Con el fin de mejorar las condiciones de trabajo de los autónomos, de acuerdo con lo dispuesto en el artículo 8.2 del Estatuto del Trabajo Autónomo, las Administraciones Públicas competentes promoverán y dinamizarán una formación en prevención específica y adaptada a las peculiaridades de los trabajadores autónomos.

Asimismo, la Ley del Estatuto del Trabajo Autónomo, en su disposición adicional duodécima, establece que con la finalidad de reducir la siniestralidad y evitar la aparición de enfermedades profesionales en los respectivos sectores, las asociaciones representativas de los trabajadores autónomos y las organizaciones sindicales más representativas podrán realizar programas permanentes de información y formación correspondientes a dicho colectivo, promovidos por las Administraciones Públicas competentes en materia de prevención de riesgos laborales y de reparación de las consecuencias de los accidentes de trabajo y las enfermedades profesionales.

En los supuestos en que el trabajador autónomo dé ocupación a uno o varios trabajadores por cuenta ajena, podrá asumir personalmente la actividad preventiva, siempre que cuente con la formación adecuada (como mínimo de nivel básico). En tal caso, el trabajador autónomo puede acogerse al Plan de Asistencia Pública al Empresario.

Medidas contempladas

1) Instituto Nacional de Seguridad e Higiene en el Trabajo (INSHT)

Incluir, en el portal del INSHT dedicado a formación en prevención de riesgos laborales, un apartado con información sobre esta materia para los trabajadores autónomos, haciendo referencia a los materiales formativos que se elaboren, así como a las vías de acceso a los mismos.

2) Comisión Nacional

a) Proponer al INSHT y a las CCAA que elaboren, en colaboración con otras entidades técnicas competentes, micro-guías por sectores de actividad que identifiquen los riesgos propios del sector, hagan una valoración de los mismos y  una propuesta de medidas preventivas y manuales especializados por profesiones y/o con grupos de riesgos similares. El contenido de estos materiales será de carácter transversal y específico a los riesgos que puedan estar presentes en el desarrollo de la profesión.

b) Proponer a las Administraciones Públicas competentes, así como a las asociaciones representativas de los trabajadores autónomos y las organizaciones sindicales que promuevan y, en su caso, faciliten formación preventiva, tanto específica de los riesgos del puesto de trabajo de acuerdo con los contenidos de las micro-guías, como de nivel básico en los términos previstos en el Real Decreto 39/1997.

c) Proponer a las Autoridades Competentes el estudio de la forma de acreditar la formación del trabajador autónomo mediante la fórmula que se considere más adecuada (un carnet profesional, un diploma, etc.).

10. FORMACIÓN DE TRABAJADORES: "EL CARNÉ DEL TRABAJADOR"

Referencia en la Estrategia Española de Seguridad y Salud en el Trabajo (EESST)

En la línea de actuación 8.1 de la EESST en la que se prevé la creación, en el seno de la Comisión Nacional de Seguridad y Salud en el Trabajo, de un grupo de trabajo sobre formación, se establece que uno de los cometidos del mismo es *"analizar la viabilidad y utilidad de establecer un carné del trabajador que sirva para acreditar la formación en materia preventiva, tal como se señala en la medida 1.8"*.

Por otra parte, en la línea de actuación 1.2 se contempla el desarrollo reglamentario de la Ley reguladora de la subcontratación en el sector de la Construcción y se indica que "la negociación colectiva del sector propiciará la implantación de una cartilla profesional para los trabajadores de la construcción".

Situación

Como consecuencia de la Ley 32/2006, reguladora de la subcontratación en el Sector de la Construcción (desarrollada por el RD 1109/2007) y de lo establecido en el Convenio General del Sector de la Construcción 2007– 2011, se ha encomendado a la Fundación Laboral de la Construcción (FLC) el desarrollo y emisión de la Tarjeta Profesional de la Construcción (TPC). Mediante esta tarjeta se acreditan, entre otros datos, la formación recibida por el trabajador del sector en materia de prevención de riesgos laborales; su categoría profesional; y sus periodos de ocupación en las distintas empresas en las que haya ejercido su actividad. La FLC proporciona formación preventiva para obtener la TPC y acredita la formación impartida con tal objetivo por otras entidades. La gestión de la TPC se realiza fundamentalmente a través del portal que la FLC ha desarrollado a tal fin.

La TPC está actualmente en fase de implantación ya que, conforme lo establecido en la disposición transitoria 4ª del Convenio, su obtención no será obligatoria hasta 2012. Por ello, sólo trascurrido un plazo prudencial a partir de dicha fecha podrá valorarse su utilidad, tras estudiar las ventajas e inconvenientes de su implantación. Por otra parte, la experiencia adquirida en este proceso facilitará el análisis de la viabilidad/conveniencia de su extensión a otros sectores de actividad. En algunos sectores ha comenzado a considerarse tal posibilidad, pero parece claro que ninguna solución o práctica sectorial, como la de la TPC, puede ser miméticamente adoptada por otros sectores de características muy dispares.

Medidas contempladas

Comisión Nacional de Seguridad y Salud en el Trabajo

Recomendar que durante el proceso de elaboración de la próxima EESST se considere la posibilidad de incluir en la misma la elaboración, por parte del Grupo de Trabajo de la CNSST sobre Formación en materia de prevención de riesgos laborales, de un estudio sobre la utilidad (ventajas e inconvenientes) de la Tarjeta Profesional de la Construcción y las dificultades / posibilidades de aplicar medidas similares en otros sectores de actividad.

11. FORMACIÓN DE DELEGADOS DE PREVENCIÓN

Referencia en la Estrategia Española de Seguridad y Salud en el Trabajo (EESST)

La línea de actuación 6.6 de la EESST se refiere, en relación con el Plan Nacional de Formación en Prevención de Riesgos Profesionales, a la formación (entre otros colectivos) de los delegados de prevención.

Situación

El artículo 37.2 de la LPRL establece que el empresario debe proporcionar a los delegados de prevención la formación que resulte necesaria para el establecimiento de sus funciones, pero no precisa el contenido y duración de la misma.

El tema es propio de la negociación colectiva y, de hecho, el vigente Convenio General del sector de la Construcción (art. 143) ya fija el contenido y la duración mínima (70 horas) de la formación de los delegados de prevención.

Medidas contempladas

Comisión Nacional de Seguridad y Salud en el Trabajo

Recomendar a las Organizaciones Empresariales y Sindicales que continúen promoviendo la introducción del tema de la formación de los delegados de prevención en los distintos ámbitos de la negociación colectiva y, en su caso, elaboren criterios de carácter orientativo que puedan facilitar la consecución de acuerdos en dichos ámbitos.

CAPÍTULO 6

LA FORMACIÓN EN LA EMPRESA Y EN LA ADMINISTRACIÓN. PLAN DE FORMACIÓN

Autores:
Ana Padilla Fortes
Joaquín J. Gámez de La Hoz

6.1. La Formación en la Empresa y en la Administración. Introducción

6.2. Plan de formación

6.3. Metodología de implantación

6.4. Definición del Plan de Formación

6.5. Análisis de la relación coste / beneficio del Plan de Formación.

6.6. Aprobación del Plan de Formación por la Dirección y Representación Sindical.

6.7. Diseño de acciones formativas y desarrollo del Plan de Formación.

6.8. Seguimiento y evaluación del Plan de Formación.

6. La Formación en la Empresa y en la Administración. Plan de Formación

6.1. La Formación en la Empresa y en la Administración. Introducción

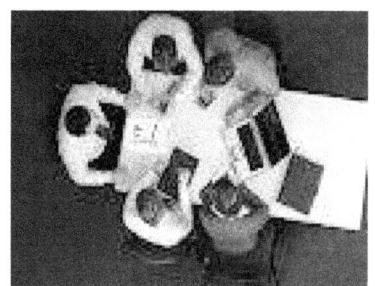

En el entorno actual, donde la continua adaptación al mercado exige constantes cambios para lograr el desarrollo y el crecimiento de las empresas, la formación se ha convertido en un factor clave.

Aspectos que hacen que la formación sea un elemento estratégico en las empresas:

- Motivación del personal, mediante la creación de un ambiente estimulante y emprendedor.

- Apertura de un nuevo canal de comunicación entre los individuos y entre los grupos, base de la eficacia organizativa.

- Mejora del desempeño de las actividades de la organización, favoreciendo la adecuación profesional de las personas a las exigencias de los puestos de trabajo.

- Atención del desarrollo profesional de la persona favoreciendo a través de la integración de sus intereses individuales con los objetivos de la organización.

- Creación y mantenimiento de una cultura corporativa, marco de referencia de todas las decisiones empresariales y elemento de integración del personal.

- Generación del cambio a partir de su aceptación como filosofía y del reconocimiento de la cualificación como medio para afrontar eficientemente la evolución tecnológica.

Sin embargo, hay que tener en cuenta que una acción formativa aislada en el tiempo, aunque puede ser eficiente para paliar alguna carencia concreta de la organización, no contribuye a sostener la evolución continua de la organización.

Para que la formación sea una palanca de cambio, debe concretarse en un plan de formación integral y permanente, gestionando desde un área de servicio interno de la organización con una posición clave.

La formación facilita el éxito de las empresas, generando sinergias, cuando abarca tanto colectiva como individualmente todas las áreas, así como sus ciclos y momentos, e integra de manera explícita la idea empresarial global.

En contextos de cambio constante, una formación continuada y planificada en el tiempo, que responda y se anticipe a las necesidades reales de la organización, garantizará la efectividad de la inversión, pues así se pilotará el futuro con acierto. Para que ésta sea integral y permanente deberá formar parte indispensable del proceso de planificación estratégica de la empresa mediante la planificación de la formación, la cual considerando los aspectos generales e individuales, se concretará en el plan de formación anual.

Para planificar la formación con éxito es necesario tener siempre en cuenta cuatro factores básicos:

- Contar, desde el primer momento, con el apoyo e implicación de los miembros de la dirección.

- Conseguir que la necesidad de formación sea compartida por todos como una parte fundamental en la empresa.

- Contar con la participación del receptor de las acciones formativas.

- Disponer de un departamento de formación que desarrolle un papel activo y de servicio en la organización.

Contando además que un modelo de formación integral y permanente aporta la metodología básica para afrontar con éxito el desarrollo de los recursos humanos en una empresa.

6.2. Plan de formación

Un plan de formación se puede definir como un conjunto coherente y ordenado de acciones formativas, concretando en un periodo determinado de tiempo y encaminado a dotar y perfeccionar las competencias necesarias para conseguir los objetivos estratégicos predeterminados.

El plan de formación debe, por lo tanto, ser dinámico y flexible; debe también permitir la inclusión de las acciones formativas precisas en cada momento aunque no estén previamente planificadas, ha de ser realista y tendrá que ajustarse a las exigencias y necesidades de los grupos o personas afectados.

Todo plan de formación es un medio y no un fin en sí mismo, por lo que debe perseguir unos objetivos claramente definidos antes de iniciar las acciones propiamente formativas, que derivan de un diagnóstico serio de las necesidades profesionales del grupo afectado. Únicamente así, es posible evaluar el verdadero impacto y la rentabilidad del plan de formación. Hay que evitar poner en marcha un conjunto de acciones inconexas, que simplemente respondan a una demanda concreta o, incluso, a una moda.

Además, para que el plan resulte plenamente eficaz, deberá estar coordinado con el resto de políticas y de herramientas de recursos humanos (Plan de carreras, selección e integración, análisis del potencial, evaluación del riesgo laboral, evaluación del desempeño, adaptación de puestos de trabajo, etc), que a su vez serán coherentes con la tecnología y los medios disponibles en la organización para alcanzar los objetivos globales marcados.

Mediante la formación las empresas intentan mejorar su rendimiento y actualizar sus habilidades.

Para definir las necesidades formativas hay que analizar con anterioridad las tareas que se desempeñan en cada puesto de trabajo, revisar los conocimientos, las habilidades y las aptitudes que se requieren, los resultados que se están obteniendo y las posibles opciones de mejora.

El centro de atención de los programas formativos lo constituye el puesto de trabajo, tanto actual como futuro. Para que la formación resulte eficaz es necesario disponer de un plan de formación que contenga un diagnóstico de necesidades plantee objetivos y metodologías, defina medios

y contenidos y, por último, que cuente con herramientas e instrumentos adecuados para poner en marcha un sistema de evaluación de resultados.

También hay que tener en cuenta que los planes formativos no constituyen una acción aislada dentro de la empresa, sino para que el esfuerzo en materia formativa de sus resultados debe incorporarse en la estrategia global de la empresa. Los planes formativos constituyen un canal muy potente de transmisión para conseguir una cultura de empresa que se adapte al estilo de dirección y a los objetivos que se persigan. Este hecho es muy importante en el caso de las nuevas incorporaciones, cuando el trabajador es muy receptivo a las acciones de formación, para preparar a los trabajadores ante situaciones de cambio, para conseguir una comunicación interna más ágil.

Es importante recordar que una de las finalidades de la formación consiste en involucrar al trabajador a los trabajadores en el proyecto global de la empresa y, de igual forma, conseguir una armonización entre los intereses individuales y los de la organización.

6.3. Metodología de implantación

El desarrollo de un plan de formación es un proceso dividido en fases flexibles y adaptables:

1) Análisis del plan estratégico y de la política de recursos humanos

- ➢ Análisis del entorno
- ➢ Análisis del plan estratégico de la organización
- ➢ Análisis de la situación interna actual de la organización
- ➢ Análisis de la política de recursos humanos.

De estos análisis, se deducen las necesidades estructurales de formación, que se añadirán a las resultantes de la fase de diagnóstico, que son generales e indican un camino a seguir en la búsqueda de carencias. A media que el plan estratégico corporativo y de recurso humanos van conformando los objetivos concretos para cada unidad o departamento, se irán definiendo los objetivos más específicos del plan de formación.

2) Análisis y evaluación de la formación desarrollada

- ➢ Análisis de los planes de formación precedentes.
- ➢ Análisis de otras acciones formativas (internas o externas).
- ➢ Análisis del departamento de formación.
- ➢ Análisis de la percepción de la gestión del área de formación en el resto de la organización.

Tras el análisis de esta fase, se descubren, como en la etapa anterior, más necesidades generales y, sobre todo, algunas pautas a seguir en el enfoque del nuevo plan.

3) Definición de la política del plan de formación

Con la información obtenida en la primera y segunda fase, se definirá la política de formación, que será el marco de referencia y el principio que inspire cualquier acción que se aplique a través del nuevo plan.

Definición del principio general de la acción.

El objetivo principal perseguido por el nuevo plan de formación: coherente con la política de recursos humanos y con el plan estratégico de la empresa.

Definición de unos ejes de actuación que delimiten la puesta en práctica del principio general de la acción.

Hay que crear un marco de referencia para cualquier acción formativa que se vaya a desarrollar.

Definición de la normativa interna a seguir en la gestión de la formación.

4) Diagnóstico de las necesidades de formación

➤ Determinación del enfoque del diagnóstico.
➤ Selección de las herramientas de diagnóstico utilizadas.
➤ Definición de las barreras para ejercer un mejor desempeño diario.

5) Determinación de los objetivos operativos a cubrir.

Con la información obtenida en la fase anterior, se puede fijar, determinar los objetivos.

➤ Traducción de los problemas o barreras en necesidades formativas.
➤ Priorización de las necesidades detectadas.

> ➤ Determinación de la acción formativa más adecuada para cada necesidad detectada y cada objetivo a cubrir. Hay que diseñar unos canales de información a través de los cuales llegará la información al destinatario y hay que ajustarlo a las necesidades precisas: formación en el aula, a distancia o programada, en el puesto de trabajo, asistida por el ordenador, mediante vídeos, aulas virtuales, etc. La elección dependerá del objetivo marcado: adquirir o incrementar conocimientos, cambiar actitudes, desarrollar habilidades o varias de estas competencias a la vez, además de otros factores como: presupuesto, número de personas, concentración geográfica, formadores internos.

6.4. Definición del Plan de Formación.

Con la información obtenida en las fases anteriores se diseña lo que en un sentido restrictivo y concreto se conoce por el plan de formación, entendido como un documento elaborado todos los años por el departamento de recursos humanos o de formación, en forma  de catálogo o tríptico y el cual, si es completo debe aparecer la siguiente información:

1- Enfoque del plan de formación. El enfoque ha de tratar los siguientes puntos: por qué este plan y cómo se ha desarrollado.

2- Trámite para inscripciones. Cómo se accede a él, si es cerrado, de asistencia obligada...

3- Programas y acciones formativas: Se señalan los bloques temáticos y las acciones concretas proporcionadas.

Para cada acción formativa habría que indicar los siguientes aspectos:

Objetivos (para qué): adquirir o mejorar conocimientos, cambiar actitudes, desarrollar habilidades.

Tipo de acción (cómo): curso presencial, semipresencial, a distancia, vídeo, en el puesto de trabajo, etc.

Formadores (Por quién): internos, externos, ambos.

Lugar (dónde): aulas del centro de formación, salas de hotel, en el puesto, etc.

Calendario (cuándo): una única edición o varias de la misma acción formativa.

Destinatarios (a quiénes): a todos los ocupantes de un puesto, de un área, de una categoría profesional, participantes algún proyecto determinado, etc.

6.5. Análisis de la relación coste / beneficio del Plan de Formación.

- *Diseño del presupuesto económico.* El presupuesto del plan ha de contemplar varios conceptos, por lo que deberá desglosarse por grupos y programas formativos y detallarse las diferentes partidas: desplazamientos, dietas, alojamiento y comidas, materiales y manuales, consultores externos, alquiler de salas y medios audiovisuales empleados, etc.

Además de estos gastos directos, hay que contemplar otros gastos indirectos (amortización de salas y medios del área de formación, horas dedicadas por formadores internos y por los propios asistentes a las acciones formativas, etc)

Todas las partidas, tanto de gastos directos como indirectos, deben ser presupuestadas pensando no sólo en el desarrollo del plan de formación, sino en su diseño y seguimiento.

- *Cálculo del impacto del plan de formación.* El impacto del plan debería traducirse en la obtención de resultados objetivos y cuantificables.
- Por supuesto, no todos los resultados son tan fáciles de medir ni de traducir económicamente, pero hay que empeñarse en intentarlo siempre que sea posible. Únicamente así se justificará la verdadera inversión o gasto en formación, es decir, midiendo el cumplimiento de objetivos y comparándolo con el ahorro que supone (o el incremento de la productividad) respecto al gasto.

6.6. Aprobación del Plan de Formación por la Dirección y Representación Sindical.

- *Preparación de la presentación del Plan de Formación.* Se debe preparar una presentación gráfica atractiva, en la que se destaquen el alcance del plan, la eficacia de su diseño y los resultados que aporta en términos de mejora.

- *Presentación del Plan.* Una vez realizada la presentación, el plan puede ser aprobado o modificado.

6.7. Diseño de acciones formativas y desarrollo del Plan de Formación.

Una vez aprobado el plan de formación, llega el momento de su desarrollo.

- *Diseño de las acciones formativas.* Es necesario la elaboración de los materiales adecuados para cada acción formativa.

- *Desarrollo de las acciones formativas.* Las acciones previstas se empezarán a impartir o a desarrollar en función del calendario elaborado en el plan de formación.

- *Registro de acciones.* Cada acción que se realice se registrará en la base de datos de formación: la información recogida deberá ser lo más exhaustiva y detallada posible e incluirá aspectos como el nombre de la acción, los contenidos, los objetivos, el lugar, la duración, la fecha, los asistentes, los resultados según el formador, la valoración de los asistentes, las incidencias, etc. Además, se irán registrando los gastos para, comparándolos con lo presupuestado, analizar si las posibles desviaciones requieren medidas oportunas.

6.8. Seguimiento y evaluación del Plan de Formación.

El desarrollo del plan de formación no termina con su impartición.

- *Seguimiento de cada acción formativa.* Se hará mediante el registro de los datos, pero destacando la valoración del formador y los asistentes. De los resultados de estas evaluaciones posteriores a las acciones formativas se pueden tomar medidas, si fueran necesarias.

- *Evaluación del plan de formación.* El seguimiento de cada acción formativa se realizará tanto durante su desarrollo como al final de la misma: el verdadero impacto (entendido como la transferencia de lo aprendido en una acción formativa al trabajo diario) sólo podrá ser medido y evaluado cuando haya pasado algún tiempo.

- *Redacción de un informe o memoria del plan de formación.* Una vez os resultados hayan sido evaluados, y se haya logrado determinar el rendimiento del plan, y su capacidad de respuesta a las necesidades detectadas, llega el momento de presentar los resultados. En la presentación de los resultados conviene integrar las conclusiones que se han ido extrayendo tras el desarrollo de las dos fases anteriores, es decir los resultados de cada acción concreta y los resultados globales y su repercusión sobre el rendimiento de la empresa.

Un informe debería contener un resumen o memoria de la visión de los participantes en las acciones formativas junto a otros apartados: incidencias, sugerencias para próximos planes. Otro de los apartados que debe ser convenientemente detallado es el del detalle presupuestario.

La comunicación de resultados puede constituir un canal de enlace entre la dirección y los trabajadores. Es decir la formación cumple su unción de motivación cuando sirve como canal de comunicación entre la línea directiva y la plantilla.

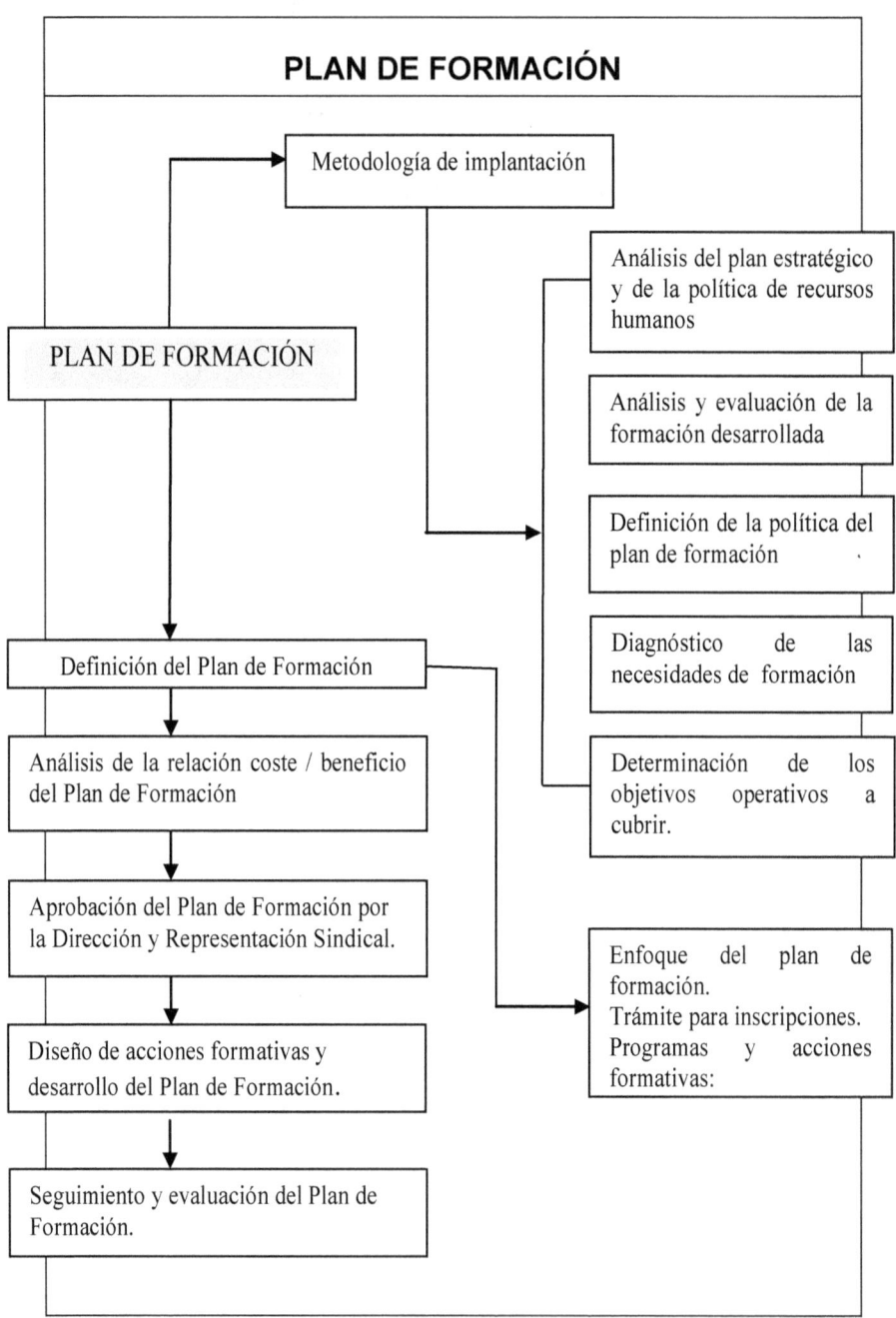

CAPÍTULO 7

EL DISEÑO FORMATIVO Y EL DESARROLLO DE UNA UNIDAD FORMATIVA

Autores:
Ana Padilla Fortes
Joaquín J. Gámez de La Hoz

7.1. El Diseño Formativo.
7.2. El desarrollo de una Unidad Formativa.

7. El diseño formativo y el desarrollo de una unidad formativa

Un Plan formativo se divide en dos grandes bloques, o mejor dicho, a la hora de realizar una acción formativa hay que delimitar dos grandes momentos: por una parte nos encontramos con el Diseño Formativo y por la otra, con la Unidad Formativa. Pero estos dos deben ir siempre acompañados el uno del otro.

7.1. El Diseño formativo

El diseño formativo es como el esqueleto de toda la acción y el primer paso a realizar a la hora de concretar el desarrollo de cada una de las unidades formativas o didácticas.

Las etapas por las que pasa la elaboración de un diseño formativo son:

- Análisis de necesidades: realizando un estudio para ver aquello que es preciso o indispensable para algún fin en concreto.
- Objetivos generales: a alcanzar con las acciones formativas.
- Contenidos: estableciendo las líneas generales.
- Modalidad: distinguiendo tipos (presencial, semipresencial, a distancia, etc...)
- Recursos.
- Actividades: estableciendo las líneas maestras.
- Evaluación: señalando la tipología.

7.2 El desarrollo de una Unidad Formativa.

Una vez que tenemos programado nuestro diseño formativo, es ahora el momento de concretarlo más. Esto se consigue planificando cada una de las unidades formativas.

La unidad formativa o unidad didáctica es la concreción de una unidad de aprendizaje. Según García Aretio, la unidad didáctica es:

"un conjunto integrado, organizado y secuencial de los elementos básicos que conforman el proceso de enseñanza-aprendizaje (motivación, relaciones con otros conocimientos, objetivos, contenidos, métodos y estrategias, actividades y evaluación) con sentido propio, unitario y completo que permite a los estudiantes, tras su estudio, apreciar el resultado de su trabajo"

La unidad didáctica según esta definición, debe tener sentido propio. En realidad, estamos en el segundo paso de concreción del diseño formativo. Este paso pretende conseguir una mayor concreción de la planificación de la formación. Se trata ahora de dar una estructura a todo el plan, buscando las técnicas más adecuadas para su máxima eficacia.

Una vez que hemos justificado nuestro plan formativo, analizando y priorizando en él las necesidades de formación, ya tenemos definida la situación de partida y es ahora el momento, de definir la situación final. Nos referimos en este punto a: ¿Qué queremos conseguir con el desarrollo de esta acción formativa?, ¿cuáles son los resultados que queremos que obtengan los alumnos?...

La respuesta a todos estos interrogantes nos la ofrecen los **objetivos de aprendizaje**. Los objetivos son la relación y concreción delos conocimientos, habilidades y actitudes que deben ser desarrollados y adquiridos por un alumno como consecuencia de su participación en una acción formativa, en definitiva son aquello que queremos conseguir como consecuencia de la formación.

Anteriormente, hemos establecido unos **objetivos generales**, también denominados finales o globales, que queremos conseguir con el desarrollo de toda la acción formativa, expresan el comportamiento global que debe de alcanzarse. Y ahora es el momento de convertir esos objetivos generales, en otros más **específicos**, también denominados concretos o inmediatos. Son los más precisos: Se basan en la temporalidad corta, acciones concretas y conductas observables.

Por tanto, reflejan la adquisición de habilidades, destrezas, conocimientos y comportamientos observables y evaluables.

Para que los objetivos sean útiles deben de estar formulados de forma clara, comprensible y no ambigua. Deben de estar definidos en términos de capacidades, siendo su formulación en infinitivo.

Una vez que hemos realizado su formulación, sólo nos queda saber qué tipos de objetivos podemos plantear en nuestras acciones formativas, podemos distinguir tres tipos según el tipo de conducta deseada:

Cognitivos: comprensión, entendimiento, introspección. Esto incluye conocer o recordar información, comprender o entender conceptos, habilidad de aplicar conocimiento, capacidad de analizar un situación...y la habilidad de evaluar una situación dada.

Psicomotores: Estos objetivos son útiles para centrarse en el desempeño efectivo de habilidades y especificar la precisión, el nivel de excelencia o la velocidad.

Afectivos: suponen la manifestación de actitudes, percepciones, relaciones. La formulación de objetivos afectivos tiene características especiales ya que no pueden expresarse en términos directamente mesurables. Es recomendable plantearse qué conductas son deseables por parte de los participantes tipo para poder tener un punto de referencia en la medición.

Una vez que los objetivos están claramente definidos, el formador ha de preparar, antes de empezar a desarrollar **los contenidos**, un esquema estructurado de los mismos. Este esquema posibilitará una redacción lógica y continuada de dichos contenidos. La organización estructurada va a facilitar la puesta en marcha de la acción formativa. La comprensión, adquisición y dominio de los contenidos de la formación es lo que hace posible a los participantes alcanzar los objetivos propuestos y cubrir sus expectativas o necesidades de formación.

Por tanto la selección de los contenidos se realiza en función de los objetivos específicos, los participantes, el tiempo disponible y el contexto. Una buena selección de contenidos nos proporcionará información para que los participantes logren los objetivos, contiene sólo la información necesaria, se presenta en grupos lógicos de información e incluye bloques de información especializada, que es necesaria para aprender conceptos o destrezas nuevas o posibilita el dominio de las ya adquiridas.

Con todo el contenido graduado, hemos de priorizar cuáles se van a desarrollar en las distintas sesiones de las que se compone la programación. En éstas debemos incluir lo que tienen y deberían saber los participantes y desarrollarlos en las sesiones en función del objetivo propuesto.

Posteriormente a los contenidos pasaríamos a la estrategia formativa, que hay que entenderla como la combinación de una modalidad, una metodología, una técnica y un soporte.

La modalidad formativa viene definida por las condiciones en las que se desenvuelve la acción formativa.
La metodología es la forma de organizar los recursos y presentar el contenido para llegar alcanzar los objetivos.
Las técnicas son planteamiento de cómo llevar a la práctica las metodologías y están definidas par normas de implementación y aplicación directa.

El recurso tecnológico es el último elemento de la estrategia. Se trata del soporte o medio con el que trasmitimos el contenido de la acción formativa.

Al establecer la **estrategia formativa** deberemos tener en cuenta que numerosos estudios han demostrado que la adquisición y retención prolongada de conocimientos está condicionada por el número de sentidos implicados, de tal forma que cuanto más sentidos entren a formar parte del aprendizaje, éste se llevará a cabo más fácilmente. Por lo tanto a la hora de diseñar una acción formativa debe hacerse un esfuerzo de creatividad, programar el uso de diversos materiales didácticos que faciliten y consoliden el aprendizaje de los participantes. De esta manera la selección de la estrategia formativa es una de las decisiones más importantes en el proceso de diseño de acciones formativas, puesto que va a ser el vehículo que va a facilitar la consecución de los objetivos. Los factores que condicionan la selección de una estrategia determinada son: El objetivo que se persigue y los valores que se pretenden desarrollar, la estructura del contenido, la madurez del grupo en general y de los participantes en particular y por último los medios de que disponemos.

En el **cronograma de la acción formativa** se recogen de forma esquemática, las informaciones referidas a los **objetivos, contenidos, estrategias formativas** (métodos y medios didácticos), que se utilizarán durante el desarrollo de la misma, especificando, para cada actividad, el tiempo estimado para su realización. El cronograma permite tener una idea clara de los objetivos que se persiguen, de la secuencia de aprendizaje y de las estrategias a emplear y verificar que el diseño de la acción formativa es correcto en cuanto a la planificación, programación y secuenciación de las actividades de cara alcanzar los objetivos definidos.

La **temporalización** de las acciones formativas, distribuir la jornada de forma correcta es un factor esencial que facilita el aprendizaje.

La **evaluación de la formación**, cuando tratamos de evaluar si la formación que han recibido los miembros han cumplido las expectativas que se pretendían o no, hemos de medir: el nivel de satisfacción de los participantes, el de aprendizaje, la transferencia, o nivel de aprovechamiento en el desempeño del puesto de trabajo del empleado, motivado por la aplicación de lo aprendido, la rentabilidad o beneficio obtenido por consecuencia directa del plan formativo, la incidencia de las acciones y el grado de eficacia en consecuencia de los objetivos previstos.

Debe realizarse una evaluación continua, dado que ésta es la que impulsa el cambio, la adaptación y la mejora de la formación. Es un proceso que facilita la identificación, recolección y la interpretación de informaciones útiles a los encargados de tomar las decisiones y a los responsables de la ejecución y gestión de los programas; un proceso de recogida sistemática y tratamiento de la información por parte de los miembros que protagonizan la actividad formativa para emitir un juicio de valor acerca dela calidad de esa actividad y tomar las decisiones, con el fin de diseñar nuevas estrategias de mejora.

En el diseño de la acción formativa, se deberá concretar: los momentos en que se realizará la evaluación (al inicio de la acción formativa, durante la misma, al final, al reincorporarse al puesto de trabajo, etc.). Los métodos de evaluación que se van a utilizar (cuestionarios, entrevistas, observación, pruebas situacionales, etc.). Los elementos que se van a evaluar (la satisfacción de los participantes, el aprendizaje, el formador, la rentabilidad, etc.).

ACCIÓN FORMATIVA:

HORAS LECTIVAS TOTALES:.
PARTICIPANTES TOTALES:.
LUGAR DE IMPARTICIÓN:.

FINALIDAD:

DESTINATARIOS:

OBJETIVOS GENERALES:

OBJETIVOS ESPECÍFICOS:

ESTRUCTURA:

Horas lectivas:
Horario:
Calendario:
Participantes:
Docentes:

CONTENIDOS:

Parte Teórica		Horas
Bloque I.	Horas	
Bloque II.	Horas	
Parte Práctica		Horas

ORIENTACIONES METODOLÓGICAS:
MEDIOS Y RECURSOS DIDÁCTICOS:
ACTIVIDADES:
EVALUACIÓN:

    Evaluaciones de Diagnóstico
    Evaluación de casos prácticos y ejercicios.
    Cuestionario de evaluación de la materia impartida
    Valoración de la calidad de la acción formativa.

Gestor de formación: Informe resumen de evaluación

BIBLIOGRAFIA

Capítulo 1- La Formación y Teleformación

- Boix P, García AM, Llorens C, Torada R (2001) Percepciones y experiencia: la prevención de riesgos laborales desde la óptica de los trabajadores. ISTAS. Madrid.

- Levy Leboyer C (2001) Gestión de las competencias. Ed. Gestión 2000. Barcelona.

- Pereda S, Berrocal F (2001) Técnicas de Recursos Humanos por competencias. Centro de Estudios Ramón Areces. Madrid.

- Marcelo C. Formación y nuevas tecnologías: posibilidades y condiciones de la teleformación como espacio de aprendizaje. Disponible en:
http://prometeo.us.es/idea/mie/pub/marcelo/Formación%20y20%NNTT.pdf

- Mediafora (2003). Teleformación y Recursos. Sevilla.

Capítulo 2- La formación en la Ley 31/1995, de 8 de noviembre, de Prevención de Riesgos Laborales

- Jefatura del Estado (1995) Ley 31/1995, de 8 de noviembre, de Prevención de Riesgos Laborales (y sus modificaciones). BOE nº 269, de 10 de noviembre de 1995.

Capítulo 3- La formación en el Real Decreto 39/1997 de 17 de enero por el que se aprueba el Reglamento de los Servicios de Prevención

- Ministerio de Trabajo y Asuntos Sociales (1997) Real Decreto 39/1997 de 17 de enero por el que se aprueba el Reglamento de los Servicios de Prevención (y modificaciones). BOE nº de 27, de 31 de enero de 1997.

Capítulo 4- Real Decreto 1161/2001 de 26 de octubre, establece el título de Técnico Superior en Prevención de Riesgos Profesionales y las correspondientes enseñanzas mínimas

- Ministerio de Educación, Cultura y Deporte (2001) Real Decreto 1161/2001 de 26 de octubre, establece el título de Técnico Superior en Prevención de Riesgos Profesionales y las correspondientes enseñanzas mínimas. BOE n°279, de 21 de noviembre de 2001.

Capítulo 5 - La Formación en la Estrategia Española de Seguridad y Salud en el Trabajo 2007-2012

- Ministerio de Educación, Cultura y Deporte (2001) Real Decreto 1161/2001 de 26 de octubre, establece el título de Técnico Superior en Prevención de Riesgos Profesionales y las correspondientes enseñanzas mínimas. BOE n°279, de 21 de noviembre de 2001.

- Jefatura del Estado (2006) Ley Orgánica 2/2006, de 3 de mayo, de Educación (LOE). BOE n°106, de 4 de mayo de 2006.

- Ministerio de Educación y Ciencia (2006) Real Decreto 1513/2006, de 7 de diciembre, por el que se establecen las enseñanzas mínimas de la Educación primaria. BOE n°293, de 8 de diciembre de 2006.

- Ministerio de Educación y Ciencia (2006) Real Decreto 1538/2006, de 15 de diciembre de ordenación general de la formación profesional del sistema educativo. BOE n°3, de 3 de enero de 2007.

- Ministerio de Educación y Ciencia (2006) Real Decreto 1630/2006, de 29 de diciembre, por el que se establecen las enseñanzas mínimas del segundo ciclo de Educación infantil. BOE n° 4, de 4 de enero de 2007.

- Ministerio de Educación y Ciencia (2006) Real Decreto 1631/2006, de 29 de diciembre, por el que se establecen las enseñanzas mínimas correspondientes a la Educación Secundaria Obligatoria. BOE n°5, de 5 de enero de 2007.

- Ministerio de Educación y Ciencia (2007) Real Decreto 1467/2007, de 2 de noviembre, por el que se establece la estructura del bachillerato y se fijan sus enseñanzas mínimas. BOE nº266, de 6 de noviembre 2007.

- Comunicación de la Comisión al Parlamento Europeo, al Consejo, al Comité Económico y Social Europeo y al Comité de las Regiones, de 21 de febrero de 2007, «Mejorar la calidad y la productividad en el trabajo: estrategia comunitaria de salud y seguridad en el trabajo (2007-2012)» [COM (2007) 62 final.

- Página web: http://www.insht.es

Capítulo 6 - La Formación en la Empresa y en la Administración.

- Hernández P (1989) Diseñar y enseñar. Teoría y técnicas de la programación y del proyecto docente. Narcea, S.A. Madrid.

- Ernst & Young (1998). Manual de Recursos Humanos. Diario cinco días. Madrid.

- Epise (2000) Training. Organización y seguimiento de la formación. Barcelona.

- Kirkpatrick Donald L (2000). Evaluación de las acciones formativas. Ed. Gestión. Barcelona.

- Nespereira Cabaleiro MC, Lestón Marquina EM, Bautista Montero MR (2000) Curso Metodología didáctica. Fundación para la promoción de la salud y la cultura.

- Ortiz Torres L, Varicela Nieto RM, Lestón Marquina EM (2001) Curso de Especialización Formador Ocupacional. Fundación para la promoción de la salud y la cultura.

Capítulo 7 –El Diseño Formativo y el desarrollo de una Unidad Formativa.

- Epise (2000) Training. Organización y seguimiento de la formación. Barcelona.

- García Aretio L (2001) La educación a distancia. De la teoría a la práctica. Ed. Ariel Educación. Barcelona.

- Tres Villadomat J (2002) Modalidades de formación en las organizaciones. En gestión de la formación en las organizaciones. Ed. Ariel, Barcelona.

- ISTAS (2010) Curso Gestión Práctica de la Prevención. Madrid.

www.ingramcontent.com/pod-product-compliance
Lightning Source LLC
Chambersburg PA
CBHW051325170526
45166CB00002B/688